《冰冻圈变化及其影响研究》丛书得到下列项目资助

- 全球变化国家重大科学研究计划项目
  "冰冻圈变化及其影响研究"（2013CBA01800）

- 国家自然科学基金创新群体项目
  "冰冻圈与全球变化"（41421061）

- 国家自然科学基金重大项目
  "中国冰冻圈服务功能形成过程及其综合区划研究"（41690140）

本书由下列项目资助

- 全球变化国家重大科学研究计划"冰冻圈变化及其影响研究"项目
  "寒区流域水文过程综合模拟与预估研究"课题（2013CBA01806）

"十三五"国家重点出版物出版规划项目

冰冻圈变化及其影响研究

丛书主编　丁永建　　丛书副主编　效存德

冰冻圈变化
对中国西部寒区径流的影响

陈仁升　张世强　阳勇　刘俊峰　赵求东　等／著

科学出版社
北京

内 容 简 介

本书是全球变化国家重大科学研究计划重大科学目标导向项目"冰冻圈变化及其影响研究"第六课题"寒区流域水文过程综合模拟与预估研究"成果的初步总结。基于在中国西部高海拔寒区试验小流域长期观测、山区流域尺度植被与土壤调查成果,获取了中国西部寒区流域水文研究急需的高山区降水数据集,在机理研究与参数率定的基础上,开发了冰冻圈流域水文模型,探讨了冰川、冻土和积雪水文过程及其流域水文效应,综合评估了气候、冰冻圈要素及其组合变化对中国西部山区流域过去和未来径流的影响。

本书可供水文学、气象学和冰冻圈科学等专业的科研和管理人员,以及相关专业的高等院校师生、科技人员阅读和使用。

审图号:GS(2019)671 号
图书在版编目(CIP)数据

冰冻圈变化对中国西部寒区径流的影响 / 陈仁升等著 . —北京:科学出版社,2019.3

(冰冻圈变化及其影响研究 / 丁永建主编)
"十三五"国家重点出版物出版规划项目
ISBN 978-7-03-058136-5

Ⅰ. ①冰… Ⅱ. ①陈… Ⅲ. ①冰川学–影响–寒冷地区–径流–研究–西南地区 ②冰川学–影响–寒冷地区–径流–研究–西北地区 Ⅳ. ①P331.3

中国版本图书馆 CIP 数据核字(2018)第 135058 号

责任编辑:周 杰 / 责任校对:彭 涛
责任印制:吴兆东 / 封面设计:黄华斌

科 学 出 版 社 出版
北京东黄城根北街 16 号
邮政编码:100717
http://www.sciencep.com

北京虎彩文化传播有限公司 印刷
科学出版社发行 各地新华书店经销
*

2019 年 3 月第 一 版 开本:787×1092 1/16
2019 年 3 月第一次印刷 印张:13 1/2
字数:350 000

定价:138.00 元
(如有印装质量问题,我社负责调换)

全球变化国家重大科学研究计划
"冰冻圈变化及其影响研究"（2013CBA01800）项目

项目首席科学家　丁永建
项目首席科学家助理　效存德

项目第一课题 "山地冰川动力过程、机理与模拟"，课题负责人：任贾文、李忠勤

项目第二课题 "复杂地形积雪遥感及多尺度积雪变化研究"，课题负责人：张廷军、车涛

项目第三课题 "冻土水热过程及其对气候的响应"，课题负责人：赵林、盛煜

项目第四课题 "极地冰雪关键过程及其对气候的响应机理研究"，课题负责人：效存德

项目第五课题 "气候系统模式中冰冻圈分量模式的集成耦合及气候变化模拟试验"，课题负责人：林岩銮、王磊

项目第六课题 "寒区流域水文过程综合模拟与预估研究"，课题负责人：陈仁升、张世强

项目第七课题 "冰冻圈变化的生态过程及其对碳循环的影响"，课题负责人：王根绪、宜树华

项目第八课题 "冰冻圈变化影响综合分析与适应机理研究"，课题负责人：丁永建、杨建平

《冰冻圈变化及其影响研究》丛书编委会

《冰冻圈变化对中国西部寒区径流的影响》
著 者 名 单

主　　笔　　陈仁升　张世强　阳　勇　刘俊峰　赵求东

成　　员（按姓氏拼音排序）

　　　　　　郭淑海　韩春坛　刘国华　刘晓娇　刘章文

　　　　　　吕海深　秦　甲　王　岗　王　磊　王希强

　　　　　　许　民　郑　勤

序 一

　　1972 年世界气象组织（WMO）在联合国环境与发展大会上首次提出了"冰冻圈"（又称"冰雪圈"）的概念。20 世纪 80 年代全球变化研究的兴起使冰冻圈成为气候系统的五大圈层之一。直到 2000 年，世界气候研究计划建立了"气候与冰冻圈"核心计划（WCRP-CliC），冰冻圈由以往多关注自身形成演化规律研究，转变为冰冻圈与气候研究相结合，拓展了研究范畴，实现了冰冻圈研究的华丽转身。水圈、冰冻圈、生物圈和岩石圈表层与大气圈相互作用，称为气候系统，是当代气候科学研究的主体。进入 21 世纪，人类活动导致的气候变暖使冰冻圈成为各方瞩目的敏感圈层。冰冻圈研究不仅要关注其自身的形成演化规律和变化，还要研究冰冻圈及其变化与气候系统其他圈层的相互作用，以及对社会经济的影响、适应和服务社会的功能等，冰冻圈科学的概念逐步形成。

　　中国科学家在冰冻圈科学建立、完善和发展中发挥了引领作用。早在 2007 年 4 月，在科学技术部和中国科学院的支持下，中国科学院在兰州成立了国际上首次以冰冻圈科学命名的"冰冻圈科学国家重点实验室"。是年七月，在意大利佩鲁贾（Perugia）举行的国际大地测量和地球物理学联合会（IUGG）第 24 届全会上，国际冰冻圈科学协会（IACS）正式成立。至此，冰冻圈科学正式诞生，中国是最早用"冰冻圈科学"命名学术机构的国家。

　　中国科学家审时度势，根据冰冻圈科学的发展和社会需求，将冰冻圈科学定位于冰冻圈过程和机理、冰冻圈与其他圈层相互作用以及冰冻圈与可持续发展研究三个主要领域，摆脱了过去局限于传统的冰冻圈各要素独立研究的桎梏，向冰冻圈变化影响和适应方向拓展。尽管当时对后者的研究基础薄弱、科学认知也较欠缺，尤其是冰冻圈影响的适应研究领域，则完全空白。2007 年，我作为首席科学家承担了国家重点基础研究发展计划（973 计划）项目"我国冰冻圈动态过程及其对气候、水文和生态的影响机理与适应对策"任务，亲历其中，感受深切。在项目设计理念上，我们将冰冻圈自身的变化过程及其对气候、水文和生态的影响作为研究重点，尽管当时对冰冻圈科学的内涵和外延仍较模糊，但项目组骨干成员反复讨论后，提出了"冰冻圈—冰冻圈影响—冰冻圈影响的适应"这一主体研究思路，这已经体现了冰冻圈科学的核心理念。当时将冰冻圈变化影响的脆弱性和适应性研究作为主要内容之一，在国内外仍属空白。此种情况下，我们做前人未做之事，大胆实践，实属创新之举。现在回头来看，其又具有高度的前瞻性。通过这一项目研究，不仅积累了研究经验，更重要的是深化了对冰冻圈科学内涵和外延的认识水平。在此基础上，通过进一步凝练、提升，提出了冰冻圈"变化—影响—适应"的核心科学内涵，并成为开展重大研究项目的指导思想。2013 年，全球变化国家重大科学研究计划首次设立了重大科学目标导向项目，即所谓的

"超级973"项目,在科学技术部支持下,丁永建研究员担任首席科学家的"冰冻圈变化及其影响研究"项目成功入选。项目经过4年实施,已经进入成果总结期。该丛书就是对上述一系列研究成果的系统总结,期待通过该丛书的出版,对丰富冰冻圈科学的研究内容、夯实冰冻圈科学的研究基础起到承前启后的作用。

该丛书共有9册,分8册分论及1册综合卷,分别为《山地冰川物质平衡和动力过程模拟》《北半球积雪及其变化》《青藏高原多年冻土及变化》《极地冰冻圈关键过程及其对气候的响应机理研究》《全球气候系统中冰冻圈的模拟研究》《冰冻圈变化对中国西部寒区径流的影响》《冰冻圈变化的生态过程与碳循环影响》《中国冰冻圈变化的脆弱性与适应研究》及综合卷《冰冻圈变化及其影响》。丛书针对冰冻圈自身的基础研究,主要围绕冰冻圈研究中关注点高、瓶颈性强、制约性大的一些关键问题,如山地冰川动力过程模拟,复杂地形积雪遥感反演,多年冻土水热过程以及极地冰冻圈物质平衡、不稳定性等关键过程,通过这些关键问题的研究,对深化冰冻圈变化过程和机理的科学认识将起到重要作用,也为未来冰冻圈变化的影响和适应研究夯实了冰冻圈科学的认识基础。针对冰冻圈变化的影响研究,从气候、水文、生态几个方面进行了成果梳理,冰冻圈与气候研究重点关注了全球气候系统中冰冻圈分量的模拟,这也是国际上高度关注的热点和难点之一。在冰冻圈变化的水文影响方面,对流域尺度冰冻圈全要素水文模拟给予了重点关注,这也是全面认识冰冻圈变化如何在流域尺度上以及在多大程度上影响径流过程和水资源利用的关键所在;针对冰冻圈与生态的研究,重点关注了冰冻圈与寒区生态系统的相互作用,尤其是冻土和积雪变化对生态系统的影响,在作用过程、影响机制等方面的深入研究,取得了显著的研究成果;在冰冻圈变化对社会经济领域的影响研究方面,重点对冰冻圈变化影响的脆弱性和适应进行系统总结。这是一个全新的研究领域,相信中国科学家的创新研究成果将为冰冻圈科学服务于可持续发展,开创良好开端。

系统的冰冻圈科学研究,不断丰富着冰冻圈科学的内涵,推动着学科的发展。冰冻圈脆弱性和风险是冰冻圈变化给社会经济带来的不利影响,但冰冻圈及其变化同时也给社会带来惠益,即它的社会服务功能和价值。在此基础上,冰冻圈科学研究团队于2016年又获得国家自然科学重大基金项目"中国冰冻圈服务功能形成机理与综合区划研究"的资助,从冰冻圈变化影响的正面效应开展冰冻圈在社会经济领域的研究,使冰冻圈科学从"变化—影响—适应"深化为"变化—影响—适应—服务",这表明中国科学家在推动冰冻圈科学发展的道路上不懈的思考、探索和进取精神!

该丛书的出版是中国冰冻圈科学研究进入国际前沿的一个重要标志,标志着中国冰冻圈科学开始迈入系统化研究阶段,也是传统只关注冰冻圈自身研究阶段的结束。在这继往开来的时刻,希望《冰冻圈变化及其影响》丛书能为未来中国冰冻圈科学研究提供理论、方法和学科建设基础支持,同时也希望对那些对冰冻圈科学感兴趣的相关领域研究人员、高等院校师生、管理工作者学习有所裨益。

秦大河

中国科学院院士

2017年12月

序 二

　　冰冻圈是气候系统的重要组成部分，在全球变化研究中具有举足轻重的作用。在科学技术部全球变化研究国家重大科学研究计划支持下，以丁永建研究员为首席的研究团队围绕"冰冻圈变化及其影响研究"这一冰冻圈科学中十分重要的命题开展了系统研究，取得了一批重要研究成果，不仅丰富了冰冻圈科学研究积累，深化了对相关领域的科学认识水平，而且通过这些成果的取得，极大地推动了我国冰冻圈科学向更加广泛的领域发展。《冰冻圈变化及其影响》系列专著的出版，是冰冻圈科学向深入发展、向成熟迈进的实证。

　　当前气候与环境变化已经成为全球关注的热点，其发展的趋向就是通过科学认识的深化，为适应和减缓气候变化影响提供科学依据，为可持续发展提供强力支撑。冰冻圈科学是一门新兴学科，尚处在发展初期，其核心思想是将冰冻圈过程和机理研究与其变化的影响相关联，通过冰冻圈变化对水、生态、气候等的影响研究，将冰冻圈与区域可持续发展联系起来，从而达到为社会经济可持续发展提供科学支撑的目的。该项目正是沿着冰冻圈变化—影响—适应这一主线开展研究的，抓住了国际前沿和热点，体现了研究团队与时俱进的创新精神。经过 4 年的努力，项目在冰冻圈变化和影响方面取得了丰硕成果，这些成果主要体现在山地冰川物质平衡和动力过程模拟、复杂地形积雪遥感及多尺度积雪变化、青藏高原多年冻土及变化、极地冰冻圈关键过程及其对气候的影响与响应、全球气候系统中冰冻圈的模拟研究、冰冻圈变化对中国西部寒区径流的影响、冰冻圈生态过程与机理及中国冰冻圈变化的脆弱性与适应等方面，全面系统地展现了我国冰冻圈科学最近几年取得的研究成果，尤其是在冰冻圈变化的影响和适应研究具有创新性，走在了国际相关研究的前列。在该系列成果出版之际，我为他们取得的成果感到由衷的高兴。

　　最近几年，在我国科学家推动下，冰冻圈科学体系的建设取得了显著进展，这其中最重要的就是冰冻圈的研究已经从传统的只关注冰冻圈自身过程、机理和变化，转变为冰冻圈变化对气候、生态、水文、地表及社会等影响的研究，也就是关注冰冻圈与其他圈层相互作用中冰冻圈所起到的主要作用。2011 年 10 月，在乌鲁木齐举行的 International Symposium on Changing Cryosphere, Water Availability and Sustainable Development in Central Asia 国际会议上，我应邀做了 Ecosystem services, Landscape services and Cryosphere services 的报告，提出冰冻圈作为一种特殊的生态系统，也具有服务功能和价值。当时的想法尽管还十分模糊，但反映的是冰冻圈研究进入社会可持续发展领域的一个方向。令人欣慰的是，经过最近几年冰冻圈科学的快速发展及其认识的不断深化，该系列丛书在冰冻圈科学体系建设的研究中，已经将冰冻圈变化的风险和服务作为冰冻圈科学进入社会经济领域的两大支柱，相关的研究工作也相继展开并取得了初步成果。从这种意义上来说，我作为冰冻圈科学发展的见证人，为他们取得的成果感到欣慰，更为我国冰冻圈科学家们开拓进取、兼容并蓄的创新精神而感动。

在《冰冻圈变化及其影响》系列丛书出版之际，谨此向长期在高寒艰苦环境中孜孜以求的冰冻圈科学工作者致以崇高敬意，愿中国冰冻圈科学研究在砥砺奋进中不断取得辉煌成果！

中国科学院院士

2017 年 12 月

前　言

　　中国西部冷湿寒区与干旱盆地并存。以冰冻圈为主体的西部寒区如青藏高原、天山、阿尔泰山等不仅是中国及其周边国家重要大江、大河的发源地，而且是中国西部干旱内陆河地区的水塔。水是制约中国西部干旱区经济与社会发展最关键的因素，"有水为绿洲，无水为荒漠"，中国西部寒区可用水资源基本来自以冰冻圈为主的寒区流域。在全球变暖的背景下，中国西部寒区的升温速度更是显著高于其他地区，这导致冰川大规模退缩，多年冻土退化、活动层加厚，季节冻土冻结深度变浅，积雪日数减少、消融期提前。冰冻圈萎缩不仅对寒区流域的水循环及生态产生巨大影响，更会直接影响干旱内陆河流域的水资源及水安全。随着近年来国家"一带一路"倡议的实施，以及全球《巴黎协定》的签订，急需了解气候变化背景下冰冻圈变化对中国西部特别是干旱区水资源的影响。

　　中国高海拔寒区占中国寒区面积的70%以上，其水文过程与北半球高纬寒区具有较大的差异，国外高纬寒区水文过程的研究结果难以反映中国高海拔寒区水文循环的特征。目前中国高海拔寒区流域水文的研究重点主要是针对冰冻圈，特别是冻土水文过程，对于高海拔山区降水时空分布，以及高海拔寒区典型植被在流域水文循环中的作用及其和环境要素的相互关系研究相对不足，其主要限制因素是缺乏全面、同步的观测数据。为此，科学技术部在2007年启动的国家重点基础研究发展计划（973计划）项目"我国冰冻圈动态过程及其对气候、水文和生态的影响机理与适应对策"中，专门涉及了冰冻圈及其变化的水文效应研究。2013年又启动了全球变化国家重大科学研究计划重大科学目标导向项目"冰冻圈变化及其影响研究"，其中的第六课题专门探讨了冰冻圈变化对寒区流域水文过程的影响。在这些项目的支持下，研究组在中国西部寒区开展了大量冰冻圈水文过程的野外试验观测和相关过程研究。2008年起在祁连山黑河上游的葫芦沟流域建立了冰冻圈全要素水文过程观测体系，共布设了对冰川、冻土、积雪、气象、水文、地下水、植被等相关要素的监测网络，其已形成了国内最为详细和全面的寒区水文全要素系统监测网络。此外，研究组还在祁连山疏勒河流域、天山阿克苏流域、长江源等地布设了寒区水文长期监测网络系统。目前这些监测网络系统已经成为了全球冰冻圈监测（GCW）的4个超级站之一。

　　经过十几年对试验点、坡面、小流域和大流域尺度的系统观测与研究，我们初步获取了中国高山区降水时空分布数据，了解了寒区流域的关键水文过程，获取了较多的相关参数和经验公式。在此基础上我们开发了适合中国高海拔寒区流域的水文模型，在对大量土壤与植被调查基础上，本书模拟并预估了气候和冰冻圈变化对西部主要寒区流域水文过程的影响，评估了未来中国西北干旱内陆河流域可用水资源的可能变化。这些流域主要包括阿勒泰山区的克兰河和布尔津河，天山南坡的阿克苏河及北坡的呼图壁河、玛纳斯河、库车河和木扎特河，祁连山区的石羊河、黑河和疏勒河，青藏高原腹地的长江、黄河源区，以及西南地区的怒江、澜沧江和雅鲁藏布江流域。本书研究结果对《巴黎协定》气候变化情景下"一带一路"倡议重要关注区的水资源规划与利用有一定的借鉴意义。

全书由陈仁升和张世强组织撰稿和定稿，阳勇负责全书统稿，全书共分为9章。第1章为绪论，主要介绍研究意义及国内外主要研究进展。第2章主要为介绍研究区概况及主要研究方法。第3~8章为本书主要研究结果，其中第3章重点介绍高山区降水数据的重要性及其特征和校正方法，并集成了高山区降水数据集；第4~6章分别从冰川、冻土和积雪的角度分析三种主要冰冻圈要素的水文作用及其对流域水文过程的影响；第7章为冰冻圈水文模型的改进与构建；第8章主要探讨冰冻圈要素对流域水文过程的影响，并预估未来不同气候变化情境下冰冻圈变化及其对中国西部山区流域径流的影响。第9章为结论与展望。各章主要撰稿人如下：

第1章：陈仁升，阳勇。

第2章：阳勇，张世强，陈仁升，王希强，郭淑海。

第3章：刘俊峰，陈仁升，吕海深，王磊，韩春坛，郑勤。

第4章：张世强，赵求东。

第5章：阳勇，王希强，许民，刘国华。

第6章：刘俊峰，陈仁升，刘晓娇。

第7章：陈仁升，赵求东，王岗，阳勇，刘章文。

第8章：赵求东，陈仁升，张世强，秦甲。

第9章：陈仁升，阳勇。

此外，刘章文、韩春坛、王希强、王磊、郑勤、郭淑海、刘国华、刘晓娇等还协助检查了书稿的格式、单位、图表等。

本书是对过去工作的阶段性总结，但由于研究区广泛、资料匮乏以及对冰冻圈水文过程的认识程度还不深入，相关结果尚不完善，不确定性因素仍然较多。因此，相关疏漏难以避免，敬请批评指正。

项目秘书组王世金副研究员、王生霞助理研究员、赵传成副教授、上官冬辉研究员和王文华高工在专著研讨、会议组织、材料编制等方面进行了大量工作，付出了很大努力，在幕后做出了重要贡献。在本书即将付梓之际，我对他们的无私奉献表示由衷的感谢！

作　者
2017 年 9 月

目 录

第1章 绪 论

1.1 概 述

冰冻圈包括冰川（山地冰川、冰帽、极地冰盖、冰架等）、冻土（季节冻土和多年冻土）、积雪、固态降水、海冰、河冰、湖冰等，主要分布于高纬度两极地区，在中、低纬度地区高山、高原也广泛存在（施雅风和程国栋，1991）。冰冻圈是全球气候变化的显著因子和指示器，也是对气候系统影响最直接和最敏感的圈层，在地球气候系统中占据举足轻重的地位（秦大河等，2014）。据 IPCC 第五次评估报告，未来几十年，冰川、海冰、积雪和冻土都会持续萎缩。

中国冰冻圈的主体为山地冰川、冻土和积雪，它主要分布在中国的寒区，特别是西部高海拔寒区（面积为 $298.6 \times 10^4 \, \mathrm{km}^2$）（陈仁升等，2014），如青藏高原、天山、阿尔泰山等地区。所有冰川、绝大多数多年冻土和稳定积雪主要分布在西部寒区，高大山系拦蓄温湿气流形成了较多的降水以及冷湿的气候环境，不仅保护了冰冻圈，更孕育了中国及周边国家的大江、大河，如雅鲁藏布江、长江、黄河、澜沧江、塔里木河、伊犁河、额尔齐斯河（鄂毕河）、黑龙江（阿穆尔河）、印度河、恒河等。同时，中国西部干旱内陆河地区的可用水资源也基本来自于冰冻圈所在的高大山系，可以说高海拔寒区是中国西北内陆河流域的水塔。

在中国西北内陆河流域高山冰雪–山前绿洲–尾闾湖泊构成的流域生态系统中，冰川是我国干旱区绿洲稳定和发展的生命之源，其进退对绿洲萎扩和湖泊消涨具有重要的调节和稳定作用。实际上正是冰川和积雪的存在，使得我国干旱区有别于世界上其他地带性干旱区。这种冰川积雪–绿洲景观及其相关的水文和生态系统稳定和持续存在的核心是冰川和积雪，没有冰川积雪就没有绿洲。在青藏高原，冻土所产生的土壤活动层特殊水热交换是维持高寒生态系统稳定的关键，冻土及其孕育的高寒沼泽湿地和高寒草甸生态系统具有显著的水源涵养功能，是稳定江河源区水循环与河川径流的重要因素。全球变化下的冻土变化是导致江河源区高寒草甸与沼泽湿地大面积退化的主要原因。因此，在青藏高原，冰冻圈–河流–湖泊–湿地紧密相连；在西北干旱区内陆河流域，冰冻圈–河流–绿洲–尾闾湖泊–荒漠不可分割，冰冻圈变化对这些地区的水循环和生态系统具有牵一发而动全身的作用。国家高度关注的诸多西部生态建设与水源保护重大工程，如"三江源"生态与水源保护工程、塔里木河综合治理工程、西藏生态屏障工程、祁连山生态保护工程及天山自然保护区等正是随着冰冻圈变化影响应运而生的（丁永建等，2017a）。

冰川是固态水库，其退缩必将导致水资源总量减少。但冰川融水径流量及其对寒区流域河川径流的贡献，受控于流域冰川的数量、大小、形状、面积比率和储量等因素。随着气温上升，小型冰川逐渐失去水源和调丰补枯作用，由于大型冰川的自我调节能力较强，故其功能变化相对较慢。全球变暖加速冰川消融，在面积萎缩的同时冰川融水径流会增加，之后随冰川面积的减少，融水径流呈现减少趋势，但这个峰值的拐点是否出现、何时出现，在冰川大小、数量等组合不同的流域具有较大差异。对于一些融水径流比例较大的流域，冰川萎缩可能会直接引起流域河川径流的减少，从而可能形成水资源短缺；但对于一些降水量呈现增多趋势，而冰川比例相对较小的流域，降水的增多可能会掩盖冰川融水径流减少的损失。但由于降水变化的高度时空异质性，冰川的水源和稳定径流功能的消失，可能会对干旱区水资源利用带来较多的调控工作和相应的隐患。

积雪融水径流是我国西部流域重要的水量来源，也是缓解内陆河干旱区春旱的主要水源。除了作为水源功能以外，积雪也具有较好的调丰补枯作用，但主要是季节性的。当秋季积雪较多时，可调节第二年的春旱。理论上讲，积雪对气候具有重要的反馈作用，积雪多寡首先影响区域的气象条件，进而影响寒区流域的水循环和水平衡。

多年冻土退化主要表现为活动层加厚，或者退化为季节冻土，这相应地增加了流域土壤入渗和水分调蓄能力，削峰补枯作用变得明显，增加了流域的枯水径流（主要是基流）。短期看，冻土是一种水量季节调节水库，长期看则既是一种固态水库，也是一种固态水源。多年冻土和季节冻土可改变寒区流域水文过程及径流的年内变化，但若冻土完全消失，则可能影响流域的径流系数。

总体看，冰冻圈具有重要的水资源和生态效应，其变化必将引起区域乃至全球的水资源变化和生态安全（丁永建和效存德，2013）。但对这些冰冻圈变化的水文效应，目前还缺乏全面、定量的认识，急需在全面评估气候变化背景下，了解冰冻圈变化对西部寒区径流的影响，特别是对西北干旱内陆河流域水资源的影响。

2013年9月，习近平主席在出访哈萨克斯坦期间提出了"一带一路"倡议，为畅通新亚欧大陆桥、实现亚欧经济一体化建设打开了国际通道。"一带一路"横贯整个亚欧大陆，是世界上最长的经济走廊，该区域拥有丰富的自然、矿产、人文等资源。我国境内的西北干旱区是其主要组成区域，是连接亚太地区、国内内陆地区和中亚地区直至欧洲的重要走廊。然而，西北地区多为干旱少雨的生态环境脆弱区，水资源成为该区可持续发展的战略性资源。此外，我国西北地区与中亚多国相邻，众多国际河流分布其中，跨界水资源问题也成为影响"一带一路"建设及区域发展的重要资源因素之一。IPCC第五次评估报告明确指出，全球变暖是毋庸置疑的。《联合国气候变化框架公约》近200个缔约方2015年一致同意通过的《巴黎协议》指出，各方要加强对气候变化威胁的全球应对，把全球平均气温较工业化前平均气温温升控制在2℃之内，并为把温升控制在1.5℃之内而努力。因此，在应对全球气候变化的背景下，分析和评估冰冻圈变化对中国西部寒区径流的影响，分析流域水资源变化，既可为西部水资源利用和生态安全提供基础数据和理论支持，对全面推进和建设可持续的"一带一路"具有重要的意义。

1.2　冰冻圈变化水文效应的研究进展与趋势

冰雪融水和降雨经由冻土产生的产流、入渗、蒸散发和汇流过程，是寒区流域的基本水文过程，其中冰冻圈水文过程是寒区流域水文过程的核心。水分固-液-汽相变及温度主控是寒区水文过程的特色。冰川水文过程相对独立，但其融水在冰川末端多数以潜流形式或者直接汇入河网。积雪水文过程直接参与植被截留、地表产流、入渗和蒸散发过程，与冻土水文过程密切相关。积雪融水多数以地表或浅层壤中流的形式补给河流。冻土水文过程在寒区流域中最为广泛，高山区垫状植被所在的高山寒漠带、低等植被或草甸所在的沼泽带、高山草甸带、灌丛森林带、草原带等均分布有多年冻土或季节冻土，这些植被-冻土组合形成了不同的产汇流和水量平衡特征。由于不同寒区流域内冰川-积雪-冻土组合差异，冰冻圈对寒区流域水文过程的综合影响也具有较大的差异。此外，冰冻圈单要素对气候变化的敏感程度以及对流域水文过程的影响也不同。因此，本书首先探讨冰冻圈单要素的流域水文作用及其变化对径流的影响，之后再综合分析冰冻圈总体变化的影响和作用。

1.2.1　冰川变化对融水径流的影响

冰川变化对水资源影响主要包括两个方面：冰储量变化和冰川融水变化。大空间尺度冰储量及其变化评估的主要成果主要体现在冰川编目工作中。国际上的冰川编目始自 1955 年，国际地球物理年（1957—1959）专门委员会在关于冰川学和气候学的决议中，要求各国对冰川的位置、高度、面积和体积以及活动情况进行造册记录。1970 年，受国际水文计划秘书处委托，以瑞士 MÜller 教授为主席的工作组编著的《世界永久性雪冰体资料的编辑与收集指南》一书出版，书中对近 40 种冰川参数包括类型划分给予了标准的测量规定，该书成为世界性冰川编目的规范，此后各国陆续开展了冰川编目工作。2012 年，为适应 IPCC 第五次评估报告（AR5）的需要，国际上整合了已经完成的各地区冰川编目资料，生成了兰多夫冰川编目（Randolph Glacier Inventory）数据集，基本完成了对全球冰川基本情况的调查，但部分地区的资料和数据质量较差，该数据集一直在持续更新中（Arendt et al.，2015）。

中国冰川编目工作基本与国际上同步。自 1979 年起，中国科学院兰州冰川冻土研究所（现中国科学院西北生态环境资源研究院）中国冰川编目课题组主要应用 20 世纪 60 ~ 70 年代的航空影像，对冰川的 34 项指标（包括冰川的面积、长度和储量等）逐条进行了量算，并分别按照山脉和各级流域进行了统计和分析，历经二十多年，于 2002 年完成了全部编目工作，先后出版了《中国冰川目录》12 卷 22 册。2006 年中国开始了第二次冰川编目工作，2014 年发布了以 Landsat TM 为主要数据源的第二次冰川编目成果，反映了 2006 年以来的中国冰川现状（刘时银等，2015）。

冰川退缩导致全球受冰川补给比例较大河流的流量增加，对地表水资源产生了显著影响，这种影响在干旱缺水地区尤为突出。在中国西部，20 世纪 80 年代以来，新疆出山径流增加显著，最高增幅可达 40%，乌鲁木齐河源区径流增加的 70% 来自于冰川加速消融补给，南疆阿克苏河近十几年径流增加的约 1/3 来源于冰川融水径流增加（Gao et al.，2010）。长江源区近 40 年冰川融水径流增加了 15.2%，而河川径流则减少了 14%（Liu et al.，2009），如果没有冰川融水的补给，河川径流减少将更加显著。总体上，冰川消融导致的江河水量增加在目前是有利的。未来 50～70 年，我国面积小于 $2km^2$ 的冰川逐渐消失是可以预期的，较大面积的冰川萎缩也将趋于显著。值得注意的是，我国冰川组成的特点是数量不到 5% 的大型冰川面积却占到 45% 以上（施雅风，2005）。不同的流域，冰川的大小、组成特点不同，冰川对未来变化的响应也存在较大差异，对流域和区域的水循环影响也各不相同，如冰川融水可能会出现持续减少、先增加后减少、持续增加等几种情况。

冰川融水变化最简单可靠的研究方法就是径流实测。例如，对瑞士 48 个站 1931～2000 年的径流记录的分析表明，几乎所有冰川覆盖率超过 10% 的流域夏季径流均增加，而冰川覆盖率低于 10% 的流域的夏季径流呈下降趋势或没有明显变化趋势（Birsan et al.，2005）。天山部分地区的实测径流在年尺度上尚未出现显著变化，但其夏季径流已呈现微弱减少趋势，预计随着气温上升趋势不变夏季径流持续减少至 21 世纪末（Sorg et al.，2012）。但这种结论尚需商榷。山地冰川一般位于高海拔寒冷地区，交通和后勤极为不便，融水径流难以实地观测，目前仅有极为有限的几条冰川得以长期监测。因此，冰川融水主要根据小冰川流域的观测资料，建立模型估算流域/区域的冰川融水变化。例如，杨针娘（1981）综合采用冰川融水径流模数法、流量与气温关系法、对比观测实验法等，将代表性地区的结果扩大至山脉、山区以至全国，估算中国冰川年径流总量。由于气候变化会引起冰川的变化进而改变融水径流过程，因此气候变化被引入融水径流估算模型中（谢自楚等，2006）。

早期气候变化对冰川融水的预估主要利用增温敏感性实验。例如，Singh 和 Bengtsson（2005）利用概念融雪模型研究了喜马拉雅地区的水文过程，在假设气温变化场景（$T+2℃$）下，以冰川补给为主的流域径流增加了 33%。目前，利用水文模型结合未来情景预估成为研究未来气候变化下冰川与径流变化的主要手段。Immerzeel 等（2010）基于 SRM（snowmelt runoff model）评估了在未来气候情景 SRES A1B 下，不同冰川覆盖率的 5 个流域（印度河、雅鲁藏布江、恒河、黄河和长江）上游的径流变化，结果表明，相对于 2000～2007 年，除黄河流域之外的各流域 2046～2065 年径流均有所减少。Su 等（2016）利用 VIC 模型预估在 RCP2.6、RCP4.5 和 RCP8.5 的情景下，青藏高原多个流域结果显示，相对于 1971～2000 年，未来（2041～2070 年）诸多流域的径流呈现不同程度的增加趋势，其中怒江、澜沧江、黄河和长江流域上游径流增加主要由降水增加引起，而印度河流域上游径流增加的原因则主要为冰川加速消融。

冰川融水径流预估目前尚存在较多的不确定性，除了未来气候变化的不确定性之外，另外一个因素是冰川消融模型估算结果的不确定性。随着冰川研究的发展，冰川径流的模拟也逐渐开始考虑冰川动力过程，李忠勤（2011）根据冰川动力模式模拟了天山乌鲁木齐河流域未来不同时期、不同温升情景下，冰川径流的变化过程。结果表明，若气候持续变暖，一些面积较小的冰川在未来的 15～20 年冰川融水量将达到最大值，随之将是快速减少，减少的速度取决于气温上升的速度。

1.2.2　冻土退化对寒区水文过程的影响

冻土的冻融过程对水文的影响是多方面的，土壤冻结可以增加径流，导致土壤侵蚀增加，阻滞土壤水补给，增加春季积雪径流以及延滞溶质向土壤深层输移。渗透到冻土中的水一方面提供了潜热并提高了冻土层的温度，从而使冻土未冻水含量增加；另一方面在冻土层内和层上再冻结的融雪水或降雨又降低了渗透率。由于水的相变，融雪或降雨渗透过程受到许多因素的影响，包括土壤温度、冻结深度、前期土壤含水量、积雪厚度以及这些因素之间复杂的相互作用。因此，冻土水文过程及其影响更为广泛。

在多年冻土和季节冻土区流域径流的研究表明，冻土的影响在流域和区域上具有大尺度水文效应（Bayard et al.，2005）。小尺度的过程研究表明，由于土壤中孔隙冰的存在，通常会降低土壤的下渗能力，形成较大的地表径流并减少地下水的补给。同时融水也可以通过空隙渗入到冻土层内。到目前为止，季节冻土对高海拔冻土融水通道影响的研究相对不足，大多数的冻土实验是在斯堪的纳维亚或北极地区开展的，其土壤特性、积雪类型、气候和地形条件均有较大差异。而在我国西部，大部分冻土地处高海拔山区，这些地区多年冻土碎片化较为明显，多年冻土不连续或多为岛状，但野外观测相对较少，其过程和机理认识还较为欠缺（丁永建等，2017a）。

全球变暖背景下的气温上升已引起全球各地冻土大面积退化（IPCC，2013；秦大河等，2012），其中高海拔地区的多年冻土的退化速率要高于高纬度地区（Guo and Wang，2016）。在高纬度和高海拔多年冻土区，均监测到地温有明显升高趋势，如美国北部、亚洲和欧洲等区域。寒区多年冻土面积萎缩和活动层增厚已直接影响寒区流域的水文过程，改变了寒区的生态水文过程和生态环境。俄罗斯境内径流变化的分析和模拟表明，冻土冻结锋面及融化过程的改变导致俄罗斯欧洲部分地表冬季径流显著增加，径流增加量高达50%~120%（Kalyuzhnyi and Lavrov，2012）。Li 等（2010）分析了流入北极地区的 4 条主要河流（勒拿河、叶尼塞河、鄂毕河、马更些河）的径流，发现冬春季径流增加、夏季径流减少，且与冻土融化与春季消融提前有密切关系。加拿大西北英格兰湾泥炭沼泽区多年冻土活动层对水文影响的研究则给出了相反的结果，由于活动层水力梯度的降低、活动层的增厚以及沼泽草原表面积的减少，2001~2010 年多年冻土融化已经使地表径流减少了47%（Quinton and Baltzer，2012）。Rennermalm 等（2010）系统分析了由环北极地区多年冻土退化导致的流域径流变化差异，认为在欧亚大陆西部，不管流域大小和变化时间，冷季基流是显著增加的，而东部区域的径流则没有明显变化；北美大陆东部冷季径流是减少的，而西部则是增加的。

冻土变化是一个长期的动态过程，难以在短时间内观测其直接变化并分析其对流域水文过程的影响。除了径流数据分析，可利用空间换时间的方法分析冻土退化对径流的影响，Ye 等（2009）分析了西伯利亚多个流域冻土-水文关系的研究表明，多年冻土的存在，主要影响地表产汇流过程，多年冻土覆盖率不同的流域，其覆盖率与年内最大最小月径流比率有较好的关系，径流比率随流域冻土覆盖率增加而增大。Niu 等（2011）利用流域退水系数和负积温的年际变化对比分析了祁连山区石羊河、黑河、疏勒河和黄河源区四大流域，发现在冻土覆盖率最高的疏勒河流域两者有显著的相关关系，且随着流域冻土覆盖率降低，相关性也逐渐降低，说明在冻土覆盖率较大的流域，冻土退化已经对流域的水文过程产生了影响。

在未来气候变化 RCP4.5 情景下，预计 2080~2099 年多年冻土南界将退至北极圈内；在 RCP8.5 情景下，到 21 世纪末包含青藏高原在内的中国西部将几乎没有多年冻土（Guo and Wang，2016）。多年冻土的退化可能引起地下含冰量降低，使得更多的水渗透到更深的土层，从而导致径流重新分配，使地表径流减少而地下径流增加（Guo et al.，2012）。多年冻土敏感性试验表明，若无多年冻土存在，则会降低径流洪峰值，并增加退水时期的径流值（Rogger et al.，2017）。

1.2.3　积雪变化的水文效应

积雪在全球水循环中占据重要地位，尤其是北半球中纬度及中低纬度山地。在美国西部，积雪融水占总径流的 75%（Balk and Elder，2000），中国积雪融水占全国地表年径流的 13% 左右。可见，积雪水文研究在水资源利用和管理中具有重要作用。过去几十年来，在全球气候变化背景下，由于降水量及气温的变化，积雪的时空分布发生了明显变化，流域融雪水文过程也发生了明显改变。目前，积雪面积变化主要集中在北半球。Brown 和 Robinson（2011）基于站点观测和遥感数据提出了一个气候变化关键指标，被命名为北半球积雪面积（northern hemisphere snow cover extent，NHSCE）。北半球积雪面积在过去 90 年明显缩小，主要减少的时间为 20 世纪 80 年代以后。总体而言，气温升高是春季和夏季积雪面积减少的主要原因。除了积雪面积，积雪融化时间也产生了变化。2015 年阿尔卑斯山的雪季开始时间平均比 1970 年晚了 12 天，并且提前 26 天结束（Klein et al.，2016）。欧亚大陆站点观测数据也表明冬季积雪明显增加，但积雪期缩短（Bulygina et al.，2009）。被动微波遥感数据表明，1979 年以来，欧亚大陆和泛北极区积雪融雪期明显减短（Tedesco and Monaghan，2009），并且融雪期开始时间每 10 年提前约 5 天，融雪期结束时间每 10 年推迟约 10 天。总的来说，由于气温变暖，融雪开始时间明显提前，融雪结束时间推迟，积雪期缩短，北半球的春季和夏季积雪面积明显减少。

全球雪水当量变化呈现一定的时空差异性，欧洲瑞士阿尔卑斯山及德国高海拔的积雪观测未发现冬季雪水当量有明显的变化，但春季积雪持续时间明显减短，春季的雪深和雪水当量明显减少（Marty and Meister，2012）；南半球安第斯山脉冬季最大雪水当量没有明显的变化趋势（Masiokas et al.，2010），而澳大利亚春季雪水当量则呈减少趋势（Nicholls，2005）。中国冬季的积雪深度和雪水当量总体上呈现增加趋势，春季呈下降趋势（Ma and Qin，2012）；而在青藏高原地区，积雪日数和雪水当量均呈减少趋势（Huang et al.，2017）。

积雪和雪水当量的变化将会导致流域融雪径流的变化，尤其是影响融雪的年内分配。随着全球变暖，融雪期明显提前，以至于消融早期的融雪径流明显增加；由于积雪提前大量融化，后期相应积雪减少，从而导致总融雪径流有所减少。这就改变了流域融雪径流年内分配，对于以积雪融水为主要补给的河流，径流年内分配会发生明显变化。Stewart（2009）对北美众多河流的融雪径流过程变化进行了分析，研究发现 1948～2002 年北美融雪开始的时间提前，融雪径流的集中期也明显提前。在中国西部积雪融水补给流域也出现类似变化。例如，克兰河最大径流月由 6 月提前到 5 月，相应最大月径流也增加了 15%（沈永平等，2007）。长江源区自 20 世纪 60 年代以来，融雪的开始时间已经变得更早（0.9～3 天/10a），融雪的结束时间也提前了 0.6～2.3 天/10a（Wang et al.，2015）。

气候变化对未来积雪时空变化以及融雪水文过程的影响也是一个十分重要的问题，目前主要采用基于气候变化的包含雪水文过程来评估这种影响。Sebastian 等（2010）对智利中北部山区海拔为 1000～5000m 流域的模拟表明，年平均融雪径流要比降水径流减少得更加显著，在未来气候变化情景下，由于冬季积雪的减少和春节和夏季气温的升高，季节最大径流趋于提前。阿尔卑斯山的积雪模型预估显示，2021～2050 年其积雪变化较平缓，而在 21 世纪后半叶积雪变化将趋于剧烈，21 世纪末积雪高度将上升 800m，积雪水当量减少 1/3～2/3，积雪期减少 5～9 周。冬季径流增加的同时春季径流峰值提前，夏季径流减少（Bavay et al.，2013）。Khadka 等（2014）对兴都库什–喜马拉雅（HKH）的未来预估研究表明，流域融雪径流未来将以 5.6mm/a 速率增加。随着流域融雪径流未来的增加，将会对流域水资源规划、管理和持续利用产生重要影响。

第2章　研究区域与方法

2.1　研究区概况

研究区为中国西部寒区流域，从地域上属于青藏高原、天山和阿尔泰山。鉴于祁连山地处青藏高原东北边缘，它是河西走廊三大干旱内陆河水系（石羊河、黑河和疏勒河）的发源地，地理位置、生态屏障及水源作用极为重要，将祁连山从青藏高原单独分出作为一个分区；青藏高原其他地区仍以"青藏高原"称谓。

定位观测主要集中在天山北坡乌鲁木齐河源、南坡阿克苏河支流科其喀尔冰川小流域、祁连山疏勒河、黑河上游葫芦沟小流域和源区八一冰川，以及长江源冬克玛底和风火山小流域。本书对选择的中国西部寒区各分区17个主要流域进行综合模拟（表2-1），探讨气候和冰冻圈变化对流域径流过程的影响。

表 2-1　中国西部寒区主要河流基本信息

分区	河流	水文站	海拔/m	经度	纬度	流域面积/km²	平均流量/(m³/s)
青藏高原	长江源	直门达	3 560	97.23°E	33.02°N	137 704	408
	黄河源	唐乃亥	3 350	100.15°E	35.50°N	121 972	627
	澜沧江源	昌都	3 223	97.17°E	31.13°N	50 608	494.66
	雅鲁藏布江源	奴各沙	3 803	91.87°E	19.27°N	106 060	514.73
	怒江源	嘉玉桥	3 153	96.24°E	30.87°N	48 000	758.2
祁连山	黑河	莺落峡	1 674	100.18°E	38.80°N	10 009	51
	疏勒河	昌马堡	2 112	96.85°E	39.82°N	10 961	32
	石羊河	杂木寺	1 495	102.57°E	37.70°N	851	7
天山	昆马力克河	协和拉	1 427	79.62°E	41.72°N	1 427	156
	托什干河	沙里桂兰克	1 909	78.60°E	40.95°N	19 166	90
	叶尔羌河	卡群	1 370	76.90°E	37.98°N	50 248	218
	库车河	兰干	1 280	83.07°E	41.90°N	3 118	12.02
	木扎特河	破城子	1 950	80.93°E	41.82°N	2 845	45.68
	呼图壁河	石门	1 282	86.57°E	43.75°N	1 840	14.4
	玛纳斯河	肯斯瓦特	1 000	85.95°E	43.97°N	4 637	38.44
阿尔泰山	布尔津河	群库勒	640	87.13°E	48.10°N	8 422	135.37
	克兰河	阿勒泰	988	88.10°E	47.82°N	1 655	19.68

（1）青藏高原

青藏高原位于我国西南部，平均海拔在 4000m 以上，素有世界第三极之称。青藏高原大致范围介于 73°18′52″E ~ 104°46′59″E，26°00′12″N ~ 39°46′50″N，西起帕米尔高原，东至横断山脉，北起昆仑山、阿尔金山和祁连山，南抵喜马拉雅山，面积约为 260×10⁴ km²，约占中国陆地总面积的 1/4（郑度和赵东升，2017）。由于青藏高原海拔较高和常年寒冷的气候条件，高原上现代冰川和冻土广泛发育，是世界上中低纬度地区最大的现代冰川分布区，也发育着世界上中低纬度地区面积最大的多年冻土分布区，在我国境内的现代冰川数量为 36 793 条，冰川面积为 49 873.44km²，冰储量为 4561km³，包括海洋型冰川、亚大陆型或亚极地型冰川及极大陆型或极地型冰川（姚檀栋等，2010）。此外，青藏高原也是北半球中纬度海拔最高、积雪覆盖面积最大的地区，但积雪时空分布异质性较强且大部分地区积雪较薄。青藏高原孕育了无数的大小河流，是长江、黄河、怒江、澜沧江、雅鲁藏布江等河流的发源地，被称为亚洲"水塔"。

长江源区一般指直门达水文站控制的流域，大致介于 90°13′48″E ~ 97°19′48″E，32°26′24″N ~ 35°53′24″N，面积约为 13.8×10⁴ km²，地势西高东低，北、西、南三面被巨大山脉环绕，形成了三面环山的盆、谷地态势。源区气候具有典型的内陆高原气候特征，寒冷干燥，太阳辐射强，无霜期短。植被类型较为简单，以高山草甸和高寒草原化草甸为主。源区冰川总面积为 1247km²，冰雪融水是源区河流重要的补给来源（王根绪等，2007）。

黄河源区为唐乃亥水文站控制流域，大致介于 95°50′E ~ 103°30′E，32°20′N ~ 36°10′N，面积约为 12.2×10⁴ km²，地形总体上西高东低、南高北低，地貌复杂多样，但以海拔在 4000m 以上的高山、丘陵台地和平原为主。黄河源区内支流较多，并有大量湖泊分布，但源区冰川数量较少，规模较小，现代冰川主要发育在山势较高的阿尼玛卿山，有大小冰川 58 条，面积约为 125.0km²（姚檀栋等，2010）。

澜沧江源区为昌都地区水文站控制的流域，面积约为 5.1×10⁴ km²，位于青藏高原唐古拉山褶皱带，海拔超过 4500m，该区保存有较为完整的高原地貌，除个别雪峰外，山势平缓。该区气候属于低温少雨的青藏高原高寒气候区，植被为温带高寒草甸以及温带针叶林和落叶阔叶林。由于该区海拔高，积雪和冻土广泛分布，但冰川数量较少，面积较小。

雅鲁藏布江源区为奴各沙水文站控制的流域，集水面积约为 10.6×10⁴ km²，流域呈东西向，地形复杂，地势西高东低，海拔落差较大。上游地区气候寒冷，雨量稀少，属高原寒温带半干旱气候，中游地区气候温凉，属高原温带半干旱气候。雅鲁藏布江整个流域内分布大小冰川 10 816 条，冰川面积约为 14 493km²（姚檀栋等，2010）。流域西部为补给少、冰川温度低的大陆性冰川，东部为补给丰富、冰温高的季风海洋性冰川。

怒江源区为嘉玉桥水文站控制的流域，流域面积约为 4.8×10⁴ km²，地处青藏高原东南部，两岸是海拔 5500 ~ 6000m 的高山，属高原地貌，现代冰川发育，气候寒冷、干燥、少雨，属高原气候区。由于该区冰川数量较少，加之上游河川径流补给方式以地下水补给为主，占年径流量的 60% 以上。

（2）祁连山

祁连山位于中国西北部青海省与甘肃省境内，东起甘肃连城与黄土高原接壤，西与当金山口和阿尔金山相连，总长约为800km，宽为200~400km，地理坐标为94°15′E~103°25′E，35°50′N~39°50′N，海拔为1800~5826m，最高峰为疏勒南山的团结峰，海拔为5826m。祁连山整体气候受西风环流控制，除此之外，东南季风、西伯利亚高压以及青藏高原对该区气候也有不同程度的季节性影响。因此，其具有典型的大陆性气候和青藏高原气候的综合特点，属于大陆型高寒半湿润山地气候。受水热等条件的垂直差异影响，祁连山区景观垂直差异较显著，自然景观自山前到高山分别为草原化荒漠、干草原、森林草原、灌丛草甸、高山寒漠和冰川。受气候、地形和植被影响，土壤垂直带谱同植被带一样也很明显。

祁连山中、东段冰川属亚大陆型冰川，西段属极大陆型冰川。第二次冰川编目数据表明，目前祁连山区共有冰川2684条，面积为1597.81±70.30km²，冰储量约为84.48km³，多分布于海拔4200~5200m；冰川数量以面积小于1.0km²的冰川为主，面积以介于1~5km²的冰川为主。近50年该区冰川面积和体积急剧减少，面积和冰储量分别减少420.81km²（−20.88%）和21.63km³（−20.26%），而海拔4000m以下的冰川已经全部消失（孙美平等，2015）。祁连山地区积雪积累期为9月至次年5月，积雪覆盖率峰值出现在11月至次年1月。祁连山多年冻土属青藏冻土区阿尔金山−祁连山亚区，分布于海拔3400m以上的高山、谷地、盆地中。多年冻土分布具有明显的高度地带性，随海拔增加，冻土分布呈现出季节冻土—岛状多年冻土—连续多年冻土梯度。同时，多年冻土下界高程也与经度明显相关，自西向东表现出下降趋势，下降率约为每经度150m。祁连山区水系呈放射状，以疏勒南山至托来山的最高隆起区向四周发散，多发源于高山冰川和高山寒漠，冰川融水和积雪融水补给占较大比重，冰川补给比重西部远大于东部。本书重点关注发源于祁连山北坡的三大内陆河水系，自东向西分别为石羊河、黑河和疏勒河。

石羊河发源于祁连山东段冷龙岭北侧，河流全长250km，流域总面积约为4.1×10⁴km²（李育等，2014），多年平均径流量为15.6×10⁸m³（徐宗学等，2007）。石羊河径流受上游积雪、冰川融水以及降水补给。流域雪线4200m以上的冷龙岭北坡发育现代冰川140多个，总面积约为103.0km²（曹泊等，2010）；流域积雪自1月开始减少，6月积雪面积达到最小值，9月积雪又开始增多，10月中下旬到11月最多，年内积雪变化呈单峰型；区域内多年冻土多发育于上游高海拔山区，季节冻土则分布于整个流域，受气候和海拔共同作用，季节冻土最大深度由南向北逐渐减小（杨晓玲等，2013）。

黑河是我国第二大内陆河，河流发源于祁连山中段，流域总面积约为13.0×10⁴km²，共发育大小河流约41条，多年平均出山径流量为35.7×10⁸m³，其中干流山区流域（莺落峡水文站）多年均径流量约为16.0×10⁸m³。黑河上游冰川主要分布在托来山北坡以及走廊南山南坡，流域内在雪线（4410~4850m）以上共发育冰川1078条，冰川总面积为420.1km²（王宗太，1981）。近60年来，黑河上游冰川持续退缩严重，总面积减少约36%（怀保娟等，2014）。黑河流域高海拔积雪面积峰值分别出现在秋季和春季，冬季积雪较少，低海拔区域冬季覆盖率则大于其他季节。黑河上游多年冻土下界海拔为3650~3750m，随海拔降低，活动层最厚可达4.0m，多年冻土地温也相应地增加至0℃（王庆峰等，2013），季节冻土面积最小月为 6～7 月，随后逐渐增大，至次年 1 月全流域完全冻结，季节冻土面积最大（彭小清等，2013）。

疏勒河位于河西走廊西段，流域总面积约为 $14×10^4 km^2$，出山径流代表站为昌马堡水文站，多年平均径流量为 $10.0×10^8 m^3$（蓝永超等，2012）。流域内共发育现代冰川 639 条，冰川总面积为 $589.6 km^2$（张华伟等，2011）；积雪年变化呈双峰型，其中春季 5 月与 11 月末至 12 月中旬积雪面积较大，而 3 月积雪相对较少；流域径流 35.6% 为高山冰川积雪融水补给。疏勒河源区多年冻土下界海拔约为 3750m，受干旱条件控制，冻土属气候驱动型，多年冻土活动层比黑河流域和石羊河流域厚（吴吉春等，2009）。

（3）天山

天山是亚洲中部最大的山系，大致呈东西走向，由一系列山地、山间盆地和谷地及山前平原构成。天山横亘于新疆中部，东西绵延 1700km，约占天山山系总长度的 2/3。山区地势起伏大，气候垂直分带明显，自山麓至山顶形成（暖）温带、寒温带、寒带、极高山冰川带组成的气候带谱，相应地依次发育荒漠、山地草原、山地森林/草原、高山草甸、极高山亚冰雪与冰雪带（张百平，2004）；天山有冰川 9081 条，冰川面积为 $9235.96 km^2$，冰储量为 $1011.748 m^3$，占中国冰川总储量的 22.95%，列第二位，多年冻土分布总面积约为 $6.3×10^4 m^3$，多年冻土下界最低海拔在阴坡约为 2700m，阳坡约为 3100m（刘时银等，2015）。

天山山区共发育河流 373 条，其中天山北坡 251 条、南坡 122 条，河流多数垂直于山脊发育，呈南北走向展布，其中天山南坡主要为塔里木河流域，包括昆马力克河、托什干河、叶尔羌河等，北坡主要有木扎特河、呼图壁河和玛纳斯河等。

塔里木河流域是中国最大的内陆河流域，总面积为 $102×10^4 km^2$（中国境内 $99.6×10^4 km^2$），位于新疆南部，北靠天山，西临帕米尔高原，南凭昆仑山和阿尔金山，地势西高东低。流域位于欧亚大陆腹地，气候干燥少雨，是典型的大陆性气候，多年平均径流量约为 $410×10^8 m^3$。叶尔羌河和阿克苏河在肖夹克汇合后始称塔里木河。阿克苏河是天山南坡径流量最大的河流，也是唯一一条常年向塔里木河干流输水的源流，是塔里木河最重要的源流。阿克苏河流域位于塔里木盆地西北边缘，流域总面积为 $5.2×10^4 km^2$，由托什干河及昆马力克河汇合而成。流域内海拔 4000m 以上为极高山带，分布着众多的大型山谷冰川，高山带冰雪融水是阿克苏河最重要的补给来源。叶尔羌河发源于喀喇昆仑山北坡，是塔里木河最长的源流，流域总面积为 $9.89×10^4 km^2$，水系包括叶尔羌河、塔什库尔干河、提孜那甫河等，它是典型的以冰雪融水补给为主的河流，河流多年平均径流量为 $64.9×10^8 m^3$。第二次冰川编目结果表明，叶尔羌河流域共发育冰川 3247 条，冰川面积为 $5414.77 km^2$，受气候变暖的响应，叶尔羌河流域冰川总体上处于退缩状态（冯童等，2015）。

呼图壁河位于天山北坡中段，发源于喀拉乌成山，呈南北走向，地势南高北低，以石门水文站控制断面为界，断面以上集水面积为 $1840 km^2$，平均海拔 2984m。呼图壁河属于冰雪融水及降水等混合补给的山溪型河流，年径流量为 $4.71×10^8 m^3$，上游山区支流呈树枝状分布，两岸有一级支流 30 条，其中 10 条支流源头在冰雪覆盖区。

玛纳斯河发源于天山北坡的依连哈比尕山，流域内地势由东南向西北倾斜，河流汇集清水河等 10 条支流，至前山的肯斯瓦特水文站出峡谷进入山前平原。肯斯瓦特水文站以上流域面积为 4637km²，海拔 3600m 以上山区冰雪广泛分布，流域共有冰川 800 条，面积为 608.25km²。

（4）阿尔泰山

阿尔泰山位于亚欧大陆腹地，自东南向西北横亘约为 2000km。中国境内的阿尔泰山属中段南坡，山体长达 500km，西北部可达 90°E、52°N，西南部可达 99°E、45°N。主要山脊海拔在 3000m 以上，北部最高峰为友谊峰，海拔为 4374m。阿尔泰山总体上处于西风带控制区，属于典型的大陆型半干旱–半湿润气候。降水随海拔递增或由西而东递减，冬夏多，春秋少，低山区年降水量为 200~300mm，高山区年降水量可达 600mm 以上；降雪多于降雨，且积雪时间随海拔增加而延长，中高山积雪长达 6~8 个月，低山仅 5~6 个月。受地貌、气候、土壤等自然条件控制，阿尔泰山区域植被自上而下分为 6 个垂直分布带：高山草甸带、亚高山草原草甸带、山地针叶林带、低山半干旱灌木草原带、山麓禾草半荒漠带和半灌木荒漠带。因海拔和坡向不同，该地土壤也形成了垂直带谱型分布，其中主要土壤类型自上而下分布有原始土、高山冰沼土、高山草甸土、亚高山草甸土、山地棕色针叶林土、山地灰色针叶林土、山地黑钙土、山地栗钙土、山地棕钙土及谷地沼泽土。

阿尔泰山现代冰川是中国纬度最高、唯一属于北冰洋水系的冰川分布区，主要为亚大陆型冰川类型，冰川在冷季补给、暖季消融，并且冰温高、运动快。我国第二次冰川编目表明该区域 2009 年冰川数目、面积分别为 273 条、178.78km²，分别较 1980 年减少 34.4%、39.0%，与我国其他山系相比，阿尔泰山冰川面积减少速率最大，是冰川退缩最强烈的地区（姚晓军，2012）。阿尔泰山积雪多分布于海拔 3000m 以上的山区；积雪一般 10 月开始积累，到次年 4~5 月消融，1 月积雪面积、积雪量最大，7 月最小。区域内冻土仅在 1980 年进行过考察，结果认为该区域冻土区分为 3 个带：季节冻土带、岛状多年冻土带和大片连续多年冻土带，其中多年冻土主要分布于海拔 2200m 以上的山区；季节冻土分布于 2200m 以下的中低山、丘陵及山前平原，最大冻结深度约为 2.5m（张廷军，1985）。近年来区域气候变化比较明显，积雪、冻土变化表现突出。

阿尔泰山区域水资源较丰富，发育了额尔齐斯河与乌伦古河。额尔齐斯河发源于阿尔泰山脉中段南麓，我国境内流域面积为 5.24×10⁴km²，河长约为 633km；河水补给来源主要为降雨、积雪和冰川融水等。本书主要研究额尔齐斯河支流克兰河和布尔津河流域。

克兰河发源于阿尔泰山南坡，河流全长 265km，多年平均径流量约为 6.00×10⁸m³，阿勒泰水文站控制流域面积为 1655km²，平均海拔约为 2285km（沈永平等，2007）。克兰河径流主要由积雪融水、降雨和地下水构成，上游山区降雪开始于 9 月初，次年 4 月开始消融，山麓一带降雪占全年降水的 30%，随着海拔升高至 2700m 处，降雪可占全年降水的 50%，总径流中融雪径流平均占总径流的 45% 左右（阿热依·阿布代西，2013）。流域上游只存在一个面积为 0.22km² 的冰川，因此流域上游冰川融水几乎可忽略（白金中，2012）。

布尔津河发源于友谊峰，我国境内河流全长 269.6km，多年平均径流量约为 31.8×10⁸m³。布尔津河流域是阿尔泰山区额尔齐斯河外流水系冰川数量最多的流域，友谊峰是阿尔泰山中国区冰川集中发育区，其中共发育现代冰川约 260 条。因此，布尔津河相比区域内其他河流，冰川融水补给径流比例最大（白金中，2012）。

2.2 研 究 方 法

我国西部冰冻圈地处高海拔地区，气象、水文以及冰冻圈监测困难且数据稀少，这严重影响了冰冻圈水文及寒区流域水文过程的研究。

为了解寒区流域水文过程，探讨冰冻圈变化对河川径流的影响，开拓与发展寒区水文学，需建立不同目的的长期、系统的监测网络，在试验点、坡面、小流域以及山区流域尺度开展长期观测实验，研究寒区水文特别是冰冻圈水文过程的机理。在此基础上，构建高海拔寒区流域水文模型，在大量植被与土壤调查的基础上，模拟与预估寒区流域水文过程及径流量变化（图 2-1）。

定位观测、区域调查以及模型模拟是寒区流域水文过程研究必不可少的基本手段。

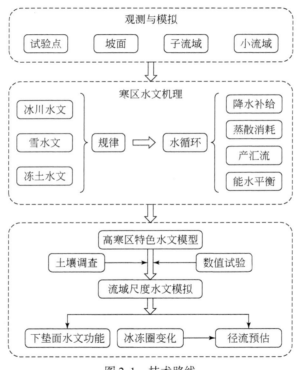

图 2-1　技术路线

2.2.1　定位观测

自 20 世纪 50 年代开始，特别是 2000 年以来，中国科学院西北生态环境资源研究院（原中国科学院寒区旱区环境与工程研究所）以及相关单位在中国西部寒区建设了许多冰冻圈实验研究站，监测对象包括气象、冰冻圈、水文、地下水以及植被等要素，但观测与研究重点各有侧重。其中，以寒区水文为主要观测与研究目的的经典实验流域主要包括：

① 天山北坡乌鲁木齐河源，以冰川水文为主。② 天山南坡科其喀尔冰川小流域，以冰川水文为主兼顾雪水文。③祁连山黑河上游葫芦沟小流域，寒区流域水文过程系统监测，包括冰川、冻土、雪、河冰水文以及地下水过程。在试验点、坡面和小流域尺度分别监测流域不同下垫面的能量和水量过程，是目前我国乃至世界寒区水文观测最为系统和全面的小流域。④ 祁连山疏勒河山区流域，大型流域尺度寒区水文观测系统，侧重于降水、冰川水文和冻土水文。⑤ 长江源冬克玛底小流域，冰川和冻土水文同步观测。⑥长江源风火山小流域，偏重于冻土水文以及冻土-生态相互作用关系。本书的实验基础数据、寒区水文过程机理等主要来自于这些实验小流域，特别是中国科学院西北生态环境资源研究院黑河上游生态-水文试验研究站所属的祁连山葫芦沟小流域。

（1）祁连山葫芦沟小流域

葫芦沟小流域属黑河源区右岸一级支流，距离干流西支总控制水文断面札马什克水文站 10km。流域面积为 $23.1km^2$，海拔为 $2960 \sim 4820m$，跨度为 1860m，垂直景观梯度分异明显。流域下垫面有高寒草原、高寒草甸、沼泽化草甸、河谷灌丛、森林、山坡灌丛、高山寒漠、季节冻土、多年冻土、积雪和冰川等组成，下垫面类型齐全，是一个寒区下垫面、冰冻圈水文过程较为齐全、理想的寒区水文实验小流域。自 2008 年起，共布设了系统的山区气象、水文、冰冻圈、植被、地下水等相关要素的监测网络，包含多种特色实验观测场（图 2-2，表 2-2）。

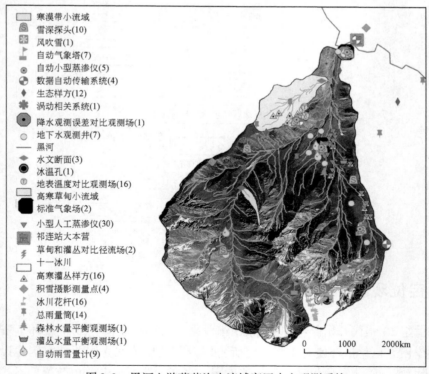

图 2-2　黑河上游葫芦沟小流域寒区水文观测系统

表 2-2　黑河上游葫芦沟小流域检测要素

监测类型	主要监测内容
气象	在冰川、高山寒漠、沼泽草甸、灌丛草甸、高寒草甸和高寒草原不同下垫面布设多套自动气象观测系统。观测要素包括四分量辐射、降水、多层温湿风、蒸散发、多层土壤温湿、多层土壤热通量等
冰川	冰川物质平衡观测（花杆）、冰川温度（10m）、冰川运动、冰舌末端变化、冰川形态、冰川体积（探地雷达）、冰川面积
积雪	面积变化、风吹雪、雪深、积雪密度、雪水当量
冻土	人工长期冻结深度检测、流域大面积地温检测系统
水文	冻土草甸小流域水文断面、高山寒漠带水文断面和主水文断面的长期检测
生态	植被样方、样地物种数和频度、植被类型、植被盖度、植被高度
土壤	全流域土壤基本水热性质调查、土壤微生物等
地下水	截至 2015 年共布设地下水监测井 27 口

（2）祁连山疏勒河流域

疏勒河发源于青海省祁连山脉西段疏勒南山和托来南山之间的沙果林那穆吉木岭，向西北流经甘肃省肃北县的高山草地，穿大雪山–托来南山间峡谷，过昌马盆地。通过音德尔达坂东北坡罗沟转北流入河西走廊。为了研究冰冻圈变化对疏勒河水文过程的影响，在其上游建立了气象水文监测系统（图 2-3）。

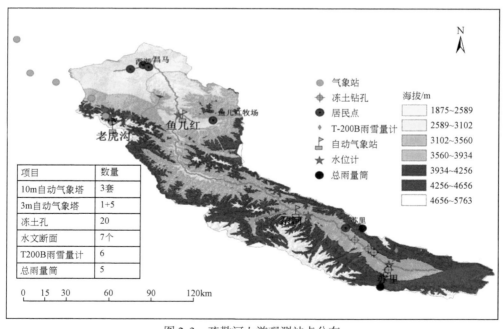

图 2-3　疏勒河上游观测站点分布

观测项目包括以下几项。

气象观测：在流域高、中、低山带分设两座 10m 自动气象观测塔和 1 套 3m 自动气象站，以及 1 套涡动相关通量观测系统。观测项目包括温、湿、风、压、雨雪量、辐射、冻土活动层（土壤温、湿度）、热通量等。同时为加强高海拔带的降水观测，又专设 3 台自记雨雪量计和 5 个总雨量筒，它们与甘肃省气象局的 6 套自动气象站组成一个从低山区到高山区（1000～5000m）的气象观测网。

水文观测：在疏勒河干流和老虎沟冰川观测流域共设置了 7 个水文断面（控制流域面积：35.2～10 307km²）。其中，老虎沟冰川流域布设了 4 个水文断面，以监测不同冰川覆盖率流域的径流过程，在疏勒河干流的高、中、低山带分设 3 个水文断面，结合疏勒河流域出山口的昌马堡水文站控制流域（流域面积为 10 961km²），形成了从冰川区到全流域不同流域尺度和下垫面的水文对比观测系统。

冻土温度观测：除在 3 个气象站有活动层观测（土壤温、湿度）外，还利用冻土勘探孔建立 20 个 7～38m 的地温观测孔。

2.2.2 区域调查

定位观测是获取寒区水文过程机理、参数的基本渠道，而区域调查则主要调查流域土壤水热性质、植被盖度及生长状况，以及冰川面积、储量变化、积雪面积变化、冻土活动层厚度及冻土演替变化等。定位观测既获取了基础数据，又为遥感数据提供校正和验证数据，而且这些数据是驱动寒区流域尺度分布式水文模型所必需的。这些数据中多数可以通过遥感手段获得，即使是土壤水热性质的数据，也有相应的数据集，但这些数据所依托的实测数据来源较少，而流域土壤的水热性质直接影响流域的产流、入渗、蒸散发和汇流过程。因此，在主要研究流域开展大规模的土壤水热性质调查与实验，进一步校准现有的土壤数据集，是保障流域尺度水文过程模拟与预估精度的关键之一。

近年来，在祁连山疏勒河流域和天山阿克苏流域，开展了较大规模的土壤水热性质调查。其中疏勒河山区流域土壤调查样点有 52 个（图 2-4），植被群落调查样点共计 28 个（包括 10 个样点的生物量调查），并结合生物量调查进行了不同土壤物理性质的测定。

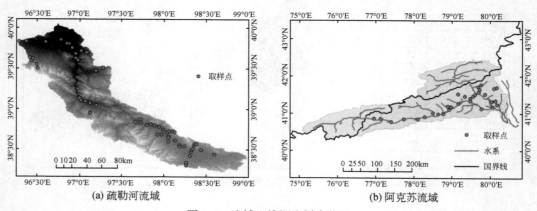

(a) 疏勒河流域　　　　　　　　(b) 阿克苏流域

图 2-4　流域土壤调查样点位置

同时在阿克苏上游调查土壤剖面 31 个。这些土壤剖面深度为 2~3m，根据土壤剖面性质，多层取样，共在这两个流域获取土壤样品 3935 个。野外及室内分别测定各层土壤的孔隙度、干密度、粒度、饱和导水率、干土导热系数、热容、土壤水分特征曲线等土壤水热参数。另外，在阿克苏流域内，还开展了水化学等调查取样工作。

此外，在各实验小流域，还开展了大量土壤水热性质、同位素和水化学以及植被参数的测量工作，在保障寒区水文机理研究工作需要的同时，率定了大量有关土壤和植被相关的参数。结合疏勒河和托什干河土壤和植被调查资料，进一步完善和修订了全球土壤数据集，并将其应用于青藏高原其他流域的水文过程模拟中。

2.2.3　模型模拟

流域水文过程认识及综合分析的主要手段是模型模拟。为此，为满足西部寒区流域水文过程模拟精度的需要，需分别准确刻画冰冻圈水文过程的各分支模块，并将其有机耦合成一个整体，开发适合中国寒区流域尺度的水文模型。

针对冰冻圈试验点尺度的一维水热过程，目前国内外均有较为成熟的模型，如较适合于寒区冻土水热过程的 CoupModel、SHAW、HYDRUS-1D 和 EASS 等。流域尺度方面，也有众多的针对冰冻圈的流域水文模型，如 HBV、SRM、CRHM 模型等，还有专门针对大尺度区域的水文模型 VIC 模型等。这些不同尺度的水文模型均在不同地区得到了不同程度的应用，但是众多模型中完全包含冰冻圈要素的较少，且以上模型均为国外构建和发展，难以适应中国西部特殊的自然地理条件。事实上，在冰冻圈流域，冰川、冻土、积雪等不同水文要素的水文过程、作用的时空尺度、各自的水文作用存在着较大差异。为此，急需构建适合中国寒区流域的包含冰川、冻土、积雪等全要素的流域水文模型，将寒区流域作为整体，在考虑冰冻圈各要素水文过程及其流域水文效应的同时，将流域内不同下垫面的水文过程及流域水文有效纳入一个整体，综合考虑，系统分析，从而为准确分析流域的水量来源、径流过程、水情变化提供可靠依据，也为减少预测和预估未来变化的不确定性、提高预测和预估的精度和能力奠定科学基础。模型构建和原理介绍详见第 7 章。

第 3 章 高山区降水观测及降水产品

从全球来看，由于寒区气候寒冷、后勤保障不足，因而寒区气象站较为稀疏（图 3-1）。复杂的降水时空分布和稀少的降水数据是限制寒区流域水文过程研究及水量平衡估算的瓶颈性因素。在中国西部寒区，海拔高导致气象站更为稀疏（表 3-1），如国家基准和基本最高气象站海拔也仅为 4700m 左右，过去在高山区基本没有长期气象监测，而这些高山区却是多数河流的源区。高山区地形和风场复杂，局地降水事件较多，降水时空分布规律更为复杂。因此，各种卫星降水数据在高山区的精度都偏低，而大气数值模式输出结果在中国西部高山区则普遍偏高；地基降雨雷达在高山区易受地形遮蔽，监测范围有限。此外，高山区固态降水占较大比重，在多数地区，一年之中只有 7 个月左右不出现降雪事件。而雨量筒观测降雪，易受风的扰动，这导致观测结果严重偏低，需要对这些实测数据进行校准。因此，在高山区开展降水加密观测及观测误差校正，并与卫星遥感数据、大气数值模式数据相互结合，可能是当前解决该类问题的有效途径。

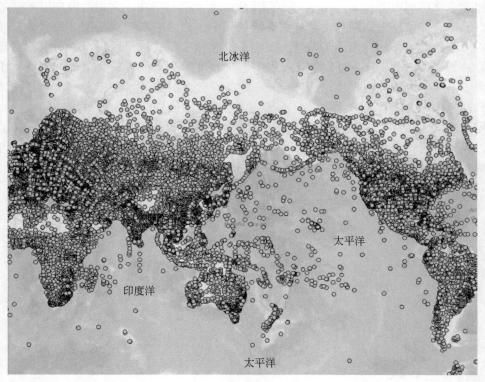

图 3-1 全球气象站分布

表 3-1　全国气象站点及西部高海拔站点统计

站点区域	海拔分区/m	站点数/个
西部寒区	≥4000	24
中国	<4000	804

3.1　高山区降水观测及校准

3.1.1　降水观测网络

为了解中国西部寒区生态与环境变化，中国科学院西北生态环境资源研究院已先后建立了不同研究目的的野外观测试验研究站来监测气象、水文、冰川、冻土、积雪、生态等要素，基本上形成了覆盖中国西部寒区的监测网络（表 3-2）。这些野外台站都观测降水量，而且多数台站在区域或流域尺度上对降水量开展了格网化和不同海拔梯度的观测。监测最长的台站已经有 57 年的观测资料，但大多数台站是 2000 年以后建立的。

这些野外台站的降水观测海拔基本都在 3500m 以上，海拔范围为 3000～6000m。结合国家基准和基本气象站长期观测资料，有助于学者提高对中国西部寒区降水时空分布的认知。

表 3-2　西部寒区检测台站主要信息

序号	站名	经纬度	海拔/m	建站年份	主要观测内容
1	中国科学院临泽沙漠生态研究试验国家站	100°07′E 39°20′N	1384	1999	气象、土壤、水分
2	中国科学院天山冰川观测试验国家站	86°49′E 43°07′N	2130	1958	气象、冰川物质平衡
3	中国科学院青藏高原冰冻圈国家观测研究站	94°54′E 36°23′N	2700	1987	气象、冻土、水分
4	中国科学院寒区旱区研究所遥感监测试验站	100°29′E 38°50′N	1525	2009	气象数据、通量监测
5	中国科学院寒区旱区研究所若尔盖高原湿地生态系统研究站	102°08′E 33°53′N	3420	2008	气象、地表通量
6	中国科学院寒区旱区研究所那曲高寒气候环境观测研究站	91°54′E 31°22′N	4509	1997	边界层气象、地表辐射收支
7	中国科学院寒区旱区研究所玉龙雪山冰川与环境综合观测研究站	100°13′E 27°10′N	2400	2002	气象、冰川物质和能量平衡
8	中国科学院寒区旱区研究所黑河上游冰冻圈水温试验研究站	99°53′E 38°16′N	3011	2008	气象、冰川物质和能量平衡

序号	站名	经纬度	海拔/m	建站年份	主要观测内容
9	中国科学院寒区旱区研究所祁连山冰川与环境综合观测研究站	96°30′E 39°30′N	4200	2005	气象、冰川物质和能量平衡
10	中国科学院寒区旱区研究所青藏高原北麓河冻土工程与环境综合观测研究站	92°56′E 34°51′N	4628	2002	气象要素、地温、水分
11	天山托木尔峰冰川与环境观测研究站	80°10′E 41°42′N	3020	2003	气象、冰川物质平衡
12	唐古拉冰冻圈与环境观测研究站	92°00′E 33°04′N	5100	2005	气象、冰川物质平衡

3.1.2　固液态降水分离

固态降水（如降雪）和液态降水（降雨）在寒区流域的水文过程截然不同，但一般只有国家气象站记录降水类型，其他野外站仅在个别试验场观测降水类型。此外，在流域尺度分布式水文模型中，需要格网尺度的降雪量和降雨量，对其观测误差进行校准后，分别探讨降雪-径流和降雨-径流过程。因此，需结合观测实验获取固液态降水分离的方法。

气温是综合反映降水类型关系的简单、有效指标，而且气温的时空分布规律很好，不确定性小。一般利用临界气温将降水类型分为降雨、降雪和雨夹雪三种。

$$P_L = \begin{cases} P, & T \geq T_L \\ [(T_L - T)/(T_L - T_S)]P, & T_S < T < T_L \\ 0, & T \leq T_S \end{cases} \qquad (3\text{-}1)$$

式中，T_S 和 T_L 为固、液态临界气温值（℃）；T 为日平均气温（℃）；P 为日降水量（mm）；P_L 为日液态降水量（mm）。

鉴于雨夹雪易消融，为简单计算，可只将降水类型分为降雨和降雪，中国陆地范围内雨雪分离的日平均临界气温见图 3-2。该结果是基于我国 643 个基本/基准气象站点 1961 年 1 月至 1979 年 12 月的日数据统计获得。

3.1.3　降水观测误差校正

几乎所有的自记和非自记雨量筒均存在观测误差。降水系统观测误差主要包括动力误差、湿润误差、蒸发误差和痕量误差等（Sugiura et al.，2003）。在这些误差中，风扰动引起的动力损失最大。为校准实测降水量，世界气象组织（WMO）曾经开展了 4 次大规模的降水对比观测计划（Goodison et al.，1998；Sugiura et al.，2003；Sevruk et al.，2009），分别为：①降水 1960~1975 年；②降雨 1972~1976 年；③降雪 1986~1993 年；④雨强 2004~2008 年。有关不同雨量筒的各种误差范围：①动力损失。在雨量筒受水口上方，

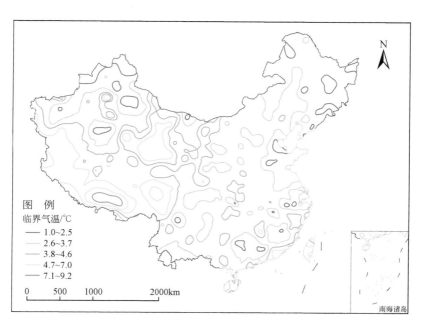

图 3-2 中国雨/雪分离的日临界平均气温空间分布（韩春坛等，2010）

由系统的风场变形而导致的误差，一般降雨时为 2% ~ 10%，降雪时为 10% ~ 50%。② 湿润误差。由沾湿集水器内壁和倒空储水器时导致的沾湿误差，一般夏季时为 2% ~ 15%，冬季时为 1% ~ 8%。③蒸发误差。由储水器内水分蒸发导致的误差（在炎热气候条件下尤为重要）为 0 ~ 4%。④ 痕量误差。降水量较少无法观测的误差。⑤风吹雪误差。由吹雪或飘雪导致的误差。⑥溅水误差。由溅入的或溅出的水导致的误差，为 1% ~ 2%。⑦随机误差。

①~⑥项误差是系统性误差，由吹雪或飘雪，以及溅入的或溅出的水导致的净误差可正可负，而由风场变形或其他因素导致的系统误差为负值。由于⑤~⑦项的误差值难以量化，因此一般降水观测误差校正仅针对前 4 项。

WMO 在全球降水对比观测计划中（Sevruk et al.，2009）给出了两种雨量筒作为标准：降雨标准——坑式雨量筒（pit gauge）（Sevruk and Hamon，1984）和降雪标准——双层栅栏降水对比观测标准（double fence intercomparison reference，DFIR）（Goodison et al.，1998）。这些雨量筒的主要功能是减少或控制风对降水捕捉率的影响（即动力损失），特别是在高寒和环极地地区，固态降水比例和风速较大均导致动力损失很大，必须对风扰动观测误差进行校正。

WMO 曾根据北半球中纬度地区对比观测数据，给出了一种基于风速和气温的、不同降水类型的、日降水量动力损失校正公式［式（3-2）~式（3-4）］（Sevruk and Hamon，1984；Yang et al.，1995；Goodison et al.，1998）。这些公式在绝大多数环境下适用（Goodison et al.，1998）。

$$\mathrm{CR_{snow}} = 103.10 - 8.67W_s + 0.30T_{max} \qquad (n=394，R^2=0.66) \qquad (3-2)$$

$$\mathrm{CR_{mixed}} = 96.99 - 4.46W_s + 0.88T_{max} + 0.22T_{min} \qquad (n=433，R^2=0.46) \qquad (3-3)$$

$$\mathrm{CR}_{\mathrm{rain}} = 100.00 - 4.77W_{\mathrm{s}}^{0.56} \qquad (n=569, R^2=0.47) \tag{3-4}$$

式中，CR 为捕捉率，即常规雨量筒观测结果与 DFIR 数据的比值（%）；snow、mixed 和 rain 分别表示降雪、雨夹雪和降雨；W_{s} 为常规雨量筒筒口高度处的日平均风速（m/s）；$T_{\max}$ 和 $T_{\min}$ 为日最高和最低气温（℃）。

中国国家基本、基准气象站都使用中国标准雨量筒（CSPG）测量降水。Yang 等（1991）曾在天山开展了中国雨量筒系统对比观测实验，动力误差校正采用 WMO 推荐的 DFIR 防风圈。Ren 和 Li（2007）将 pit 雨量筒作为标准，在中国不同地区的 30 个气象站开展了 7 年观测研究，获得了一些有意义的结果。但 pit 雨量筒只是降雨标准，仍然低估降雪量。由于环境条件的差异，相关校正公式在不同地区使用时会存在一定误差。因此，针对中国标准雨量筒（CSPG），我们 2009 年在祁连山黑河上游葫芦沟小流域布设了对比观测实验（图 3-3）。

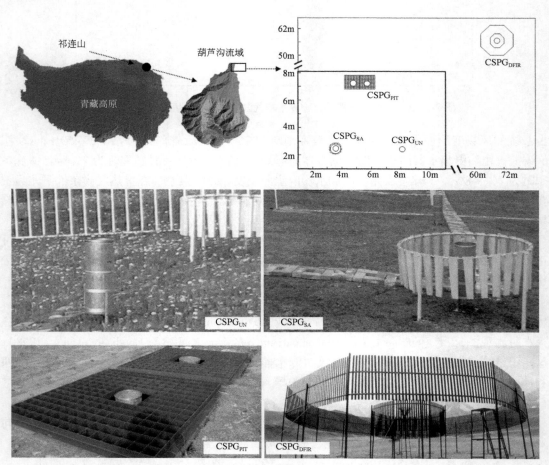

图 3-3　祁连山葫芦沟中国标准雨量筒（CSPG）对比观测场（Chen et al.，2015）

图中 CSPG$_{\mathrm{PIT}}$ 为坑式雨量计；CSPG$_{\mathrm{DFIR}}$ 为双层栅栏；CSPG$_{\mathrm{SA}}$ 为 CSPG 加 Alter 防风圈；CSPG$_{\mathrm{UN}}$ 为未加防风圈

2010 年 9 月到 2015 年 4 月的对比观测结果如图 3-4 所示。根据祁连山或青藏高原降雪量少的现状，若简单校正，日降雨量动力误差校正系数可选取 1.025（$n=221$，$R^2=0.996$），降雪采用 1.165（$n=43$，$R^2=0.975$），雨夹雪采用 1.072（$n=29$，$R^2=0.981$）统一校准。在有风速和气温数据时，可采用相关统计公式 [式（3-5）和式（3-6）] 分别校正雨夹雪和降雪动力损失，但降雨动力误差直接采用 1.025 校正即可（Chen et al.，2015）。

$$CR_{mixed} = 100e^{-0.06W_{s10}} \tag{3-5}$$

$$CR_{snow} = 100e^{-0.08W_{s10}} \tag{3-6}$$

式中，CR 为捕捉率（%），即常规雨量筒观测结果与 DFIR 数据的比值；snow 和 mixed 分别为降雪、雨夹雪；W_{s10} 为气象站日平均风速（10m，m/s）。

对于中国标准雨量筒其他降水观测误差项，Yang（1988）和 Yang 等（1991）建议，降雨、降雪和雨夹雪的日平均湿润误差分别为 0.23mm、0.30mm 和 0.29mm。蒸发损失主要取决于天气状况和观测方法（Sevruk，1982）。对中国雨量筒来说，由于漏斗直接将降雨导入口径很小的储水器中，因此，其蒸发损失很小（Ye et al.，2004）。而在雪季，来自芬兰（Aaltonen et al.，1993）和蒙古（Zhang et al.，2004）的观测结果表明，蒸发损失较小，每天为 0.10~0.20mm。中国标准雨量筒的测量精度为 0.1mm，观测频率为每天两次，Ye 等（2004）建议，日痕量误差可赋值 0.10mm。

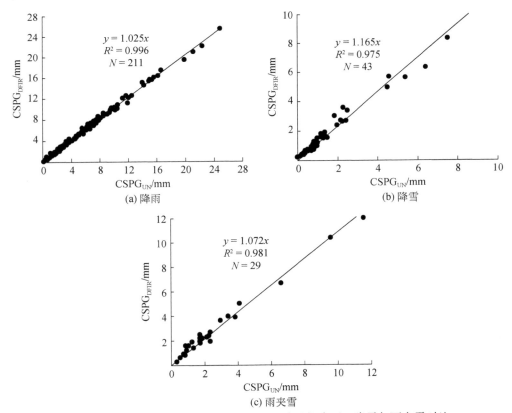

图 3-4　中国标准雨量筒安装标准防风圈前后的降雨、降雪与雨夹雪对比

3.2 高山区降水分布特征及最大高度带

3.2.1 降水海拔关系[①]

为研究高山区复杂的降水时空分布特征，在祁连山葫芦沟小流域 23.1km² 的范围内，研究组共布设了 6 套自动称重式雨雪量计和 18 套翻斗式雨量计，海拔范围为 2980 ~ 4464m。结果如下。

1）受气流抬升、对流不稳定度增加以及环流形式等因素影响，研究区湿季（5 ~ 9 月）降水主要集中在下午 16 时至次日凌晨 6 时。7 ~ 8 月日降水峰值一般出现在傍晚 20 时、夜间 24 时左右，9 月日降水峰值一般出现在下午 16 时、傍晚 20 时、夜间 22 时左右。

2）次降水量——海拔线性关系是否显著与次降水量的大小有关，并具有干湿季差异。在湿季，当次降水量达到 30mm 时，降水量–海拔关系通过 $p < 0.05$ 的显著性检验；当次降水量达到 40mm 时，通过 $p < 0.01$ 的显著性检验。在干季（10 月至次年 4 月），当次降水量达到 10mm 时，降水量–海拔关系可通过 $p < 0.05$ 的显著性检验；而当次降水量达到 15mm 时，通过 $p < 0.01$ 的显著性检验。这反映了研究区降水的时空分布受多种因素的影响，由对流不稳定和风场辐合形成的积云造成的阵性降水范围小、降水量多数较小，而中尺度环流才能形成降水范围较大、历时较长、降水量较多的降水事件。因此，当次降水量较大时，才会有显著的相关性（图3-5）。

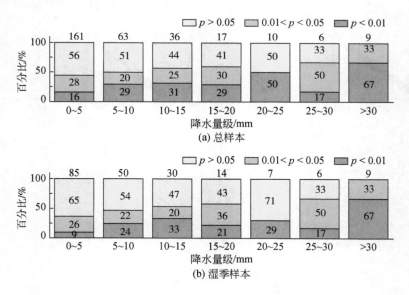

<hr>

① Wang L, Chen R, Song Y, et al. 2017. Precipitation-altitude relation ships on different timescales and at different precipitation magnitudes in the Qilian Mountains. Theoretical and Applied Chimatology. doi：10.1007/s00704-017-2316-1.

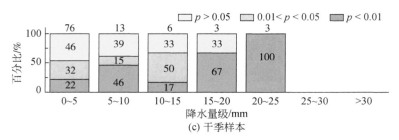

(c) 干季样本

图 3-5　不同降水量级的样本通过 $p < 0.05$ 和 $p < 0.01$ 检验的百分比（Wang et al., 2017）
柱状图上的数字代表该降水量级上的样本量

3）中尺度环流及局地对流是形成降水的主要因素，而局地风场成为影响同一高度带及邻近地区降水时空分布的主要因素。因此，受局地降水的影响，短时间尺度上总体不存在降水与海拔的统计关系（大的次降水量事件除外），只有较长时间尺度如月或年尺度时，降水量–海拔的相关性才会存在明显的统计意义。月、季和年尺度的降水量–海拔关系与次降水量–海拔关系有一定差异，前者包含了局地降水的信息（图 3-6）。

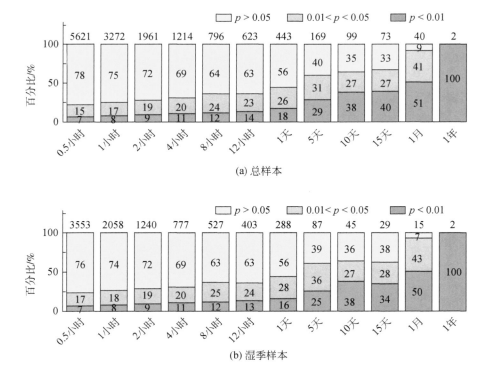

(a) 总样本

(b) 湿季样本

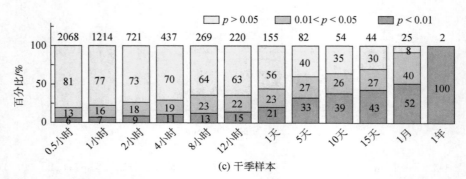

(c) 干季样本

图 3-6　不同时间尺度的样本通过 $p<0.05$ 和 $p<0.01$ 检验的百分比（Wang et al.，2017）

柱状图上的数字代表该降水量级上的样本量

3.2.2　降水最大高度带[①]

当水汽沿着地形爬升时，若遇山系等阻挡，容易形成地形雨。在中纬度山区，降水会随着海拔上升而增加，并会在某个海拔形成最大降水高度带。这个降水带通常比山顶低，可能处于山脚、中部或者靠近山顶的区域。由于山区降水观测相对稀少，观测精度较低特别是风对降雪观测精度的影响，以及山区地形的复杂性，山区降水时空分布异质性很强，因此，即使在同一山区，降水海拔梯度及最大降水高度带的位置也有所不同，这引起了许多争论。这种争论国外大约从 20 世纪 20 年代就已经开始了，国内大约从 50 年代初期开始研究就存在有关最大降水高度带的争论（林之光，1995）。有观点认为，水汽随海拔上升，经过最大降水高度带后，水汽降低，导致最大降水高度带以上降水减少，所以应该只有一个降水高度带，其通常出现在中山带（沈志宝，1975；李江风，1976）。但冰川学家认为在冰川区附近降水应该比中山带更高，其观点的依据是粒雪盆积雪量非常高（Kou and Su，1981；Bai and Yu，1985）。为解决这个争论，研究组在天山乌鲁木齐河不同海拔梯度架设了雨量筒，观测显示在海拔 2100m 左右有最大降水高度带。但 Yang 等（1991）和杨针娘等（2000）的观测显示最大降水高度带有两个，分别在海拔 1900m 和 4030m 处，降水量分别为 583.0mm 和 650.2mm，后者是冰川分布区。这也证实了冰川学家的观点。由于冰川分布区气温较低，同时湿度较高，沈永平和梁红（2004）认为这两个要素加强了冰川区水平湍流和垂直对流，从而导致冰川区降水增多。这种现象在喜马拉雅山脉（Alpert，1986；Putkonen，2004）、帕米尔高原（Kotlyakov and Krenke，1982）、美国大烟雾山（Prat and Barros，2010）也有报道。

在祁连山地区，降水受地形影响而复杂多变，由于过去缺乏海拔 3400m 以上的降水观测数据，而祁连山最高峰为 5804m，这也导致山区降水随海拔的变化存在诸多争论。例

---

① Chen R，Han C，Liu J，et al. 2018. Maximum precipitation altitudeon the northern flank of the Qilian Mountains, northwest China. Hydrology Research. doi：10. 2166/nh. 2018. 121.

如，汤懋苍（1985）提出祁连山降水随海拔呈现"S"型分布，也就是说有一个最大降水高度带和一个最小降水高度带，其中最大降水高度带出现在海拔 2400～2800m 处，最少降水带出现在祁连山北坡自东向西 3000～3500m 处；丁永建等（1999）指出祁连山最大降水高度带分布在森林下限；杨针娘等（2000）提出在祁连山东段和西段最大降水带分别在海拔 4570m 和 5000m 处；汤懋苍（1985）推测降水随海拔持续增加。

为探讨祁连山降水量–海拔关系，了解最大高度带的分布，近年来在祁连山北坡开展了两个降水梯度观测实验。一个实验于 1986～1990 年在寺大隆地区（99°31′E～100°15′E，38°14′N～38°44′N）开展，共 9 个中国标准雨量筒分别布设在海拔 2600m、2800m、3000m、3150m、3300m、3450m、3550m、3650m 和 3800m 处，实验结果发现，海拔 3650m 处出现了一个最大降水高度带（常学向等，2002）。另一个实验在七一冰川（97.5°E，39.5°N）开展，2007 年 8 月到 2008 年 9 月，共布设了 9 个总雨量筒，布设海拔范围为 3760～4900m（王宁练等，2009）。该实验发现了最大降水高度带分布在 4510～4670m。这两个实验区观测海拔范围和下垫面类型有较大差异，所获得的最大高度带差别也很大，而且其直线距离约为 250km，因此，无法将两实验区整合到一个剖面来分析。祁连山最大降水高度带的海拔范围是多少，在祁连山北坡是否存在两个或多个最大降水高度带，这些问题都还不清楚。

本书选择祁连山北坡中段一个相对较窄、国家气象站相对密集的剖面作为研究区（130km×110km）（图 3-7）。由于整个祁连山北坡基本一致，研究区具有明显的垂直植被带谱。海拔 1800m 以下基本为荒漠和绿洲分布，海拔 1800～2000m 为裸山（新近系红层，多为丹霞地貌），山地草地分布在海拔 2300～2800m 处，与针叶林伴生，祁连山青海云杉林生长上限约在海拔 3300m 处。海拔 3300～3800m 基本为高寒草甸和鬼箭锦鸡儿、金露梅等灌丛，海拔 3800m 以上为高山寒漠带，其中冰川末端在阴坡，海拔大约为 4300m，阳坡海拔为 4500m 左右。

从 2008 年起我们在祁连山葫芦沟小流域（图 2-2）按海拔梯度陆续布设了 6 套称重式雨雪量计（同时观测气温、相对湿度、气压、风、雪深、土壤含水量、地温、能量平衡等）。采用葫芦沟数据及邻近的张掖、民乐、肃南、祁连以及野牛沟 5 个国家气象站数据，进行综合分析（图 3-7，表 3-3），研究区海拔范围为 1480～4484m。

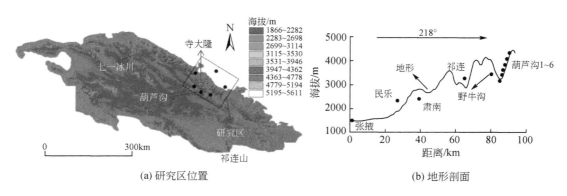

(a) 研究区位置　　　　　　　　　　　　　(b) 地形剖面

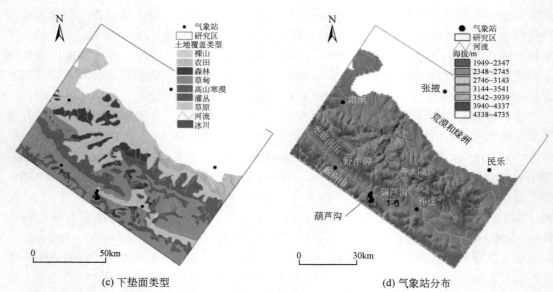

(c) 下垫面类型　　　　　　　　　　　　　(d) 气象站分布

图 3-7　研究区位置、地形剖面、下垫面类型及气象站分布（Chen et al.，2018）

表 3-3　祁连山北坡降水站点信息

编号	站点	经度	纬度	海拔/m	垂直景观带谱	开始观测日期
1	张掖	100°26′E	38°56′N	1483	荒漠绿洲	1951 年 1 月
2	民乐	100°49′E	38°27′N	2271	山前绿洲（山区森林下限）	1956 年 1 月
3	肃南	99°37′E	38°5′N	2312	森林草原	1956 年 1 月
4	祁连	100°15′E	38°11′N	2787	森林草原	1956 年 5 月
5	野牛沟	99°35′E	38°25′N	3320	高寒草甸（森林上限）	1959 年 2 月
6	葫芦沟 1	99°52.9′E	38°16.1′N	2980	森林草原	2009 年 6 月
7	葫芦沟 2	99°52.6′E	38°14.9′N	3232	森林草原	2009 年 10 月
8	葫芦沟 3	99°52.2′E	38°15.3′N	3382	高寒草甸（森林上限）	2008 年 8 月
9	葫芦沟 4	99°53.4′E	38°13.9′N	3711	高寒草甸（高山寒漠带下限）	2008 年 8 月
10	葫芦沟 5	99°53.4′E	38°13.3′N	4166	高山寒漠	2008 年 8 月
11	葫芦沟 6	99°52.4′E	38°13.0′N	4484	冰川和高山寒漠	2013 年 6 月

　　由于 5 个国家气象站采用未加防风圈的标准雨量筒，而葫芦沟布设的称重式雨雪量计为携带简单 Alter 防风圈的雨量筒，雨量筒型号及防风条件不一样，加之受动力、沾湿、蒸发等观测误差的影响，两者的观测结果都偏低。因此首先对两种雨量筒分别进行观测误差校正，将观测数据统一到同一标准上。具体校正方法见 3.1.3 小节。需要说明的是，中国标准雨量筒（CSPG）存在着动力、沾湿、蒸发、痕量等观测误差，而葫芦沟安装的 TRwS 500，由于桶内放置机油，基本将蒸发损失消除；同时由于不需要每次将降水量倒出观测，因此，基本消除了沾湿误差；因为其称重精度为 ±0.01mm，因此也基本无痕量误

差。校准标准目前采用世界气象组织推荐的、安装有 Tretyakov 防风圈和双层防风栅栏（DFIR）的中国标准雨量筒（$\text{CSPG}_{\text{DFIR}}$）观测数据，但当其作为标准校准 TRwS 500 时，需要先将 $\text{CSPG}_{\text{DFIR}}$ 实测数据进行沾湿、蒸发和痕量误差的校准。

根据 2014 年 1 月至 2016 年 12 月平均降水量–海拔关系，发现研究区可能存在 4 个月尺度的最大降水高度带：2300m、2800m、3200m 和 4200m（图 3-8）。其中 2300m 高度带基本出现在每个月，其他 3 个最大降水高度带仅出现在部分湿润月。在季尺度上，2300m 高度带四季都存在，2800m 降水高度带仅出现在春季和秋季，但不明显（图 3-9）；而其他两个最大降水高度带则出现在春季、夏季和秋季。在年尺度上，仅发现 2300m、3200m 和 4200m 3 个高度带（图 3-10）。

鉴于最高降水量观测站（4484m）仅有 3 年的观测数据，而其他台站都有多年的观测数据，因此，将这些站点数据与最近 3 年数据进行对比和综合分析。结果表明，研究区不同时间段内的月、季和年尺度的降水量–海拔关系基本一致。由此推断，研究区 4200m 左右的最大降水高度带是存在的。

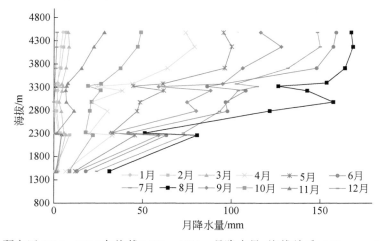

图 3-8　研究区 2014 ~ 2016 年海拔 1483 ~ 4484m 月降水量–海拔关系（Chen et al.，2018）

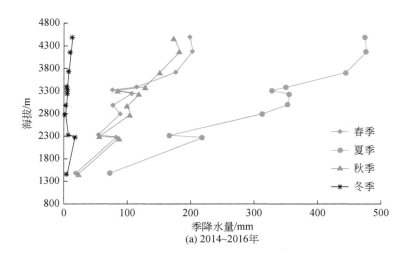

(a) 2014~2016年

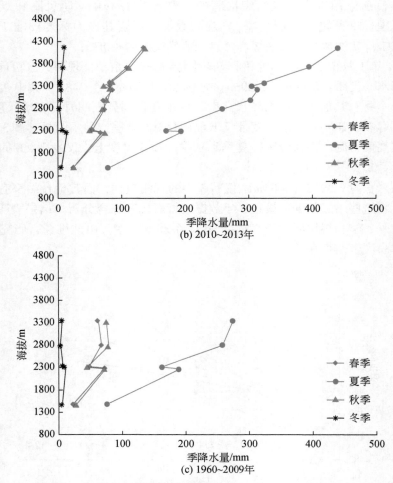

图 3-9   研究区季降水量–海拔关系（Chen et al.，2018）

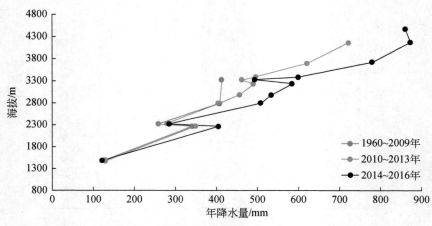

图 3-10   研究区年降水量–海拔关系（Chen et al.，2018）

但是，由于祁连山降水量自东南到西北呈明显的减少趋势，而所应用的 5 个国家基准/基本气象站中，除张掖以外，其他气象站均散布在张掖—葫芦沟一线以外（图 3-7）。从图 3-8 ~ 图 3-10 看，2800m 和 3200m 最大降水高度带应该是由研究区东西部降水量差异直接造成的，而不应该是最大降水高度带。例如，如图 3-8 ~ 图 3-10 所示，海拔 3200m 的曲线拐点仅仅是由海拔 3320m 的野牛沟气象站降水量少造成的。

从图 3-8 ~ 图 3-10 看，在冬季，2300m 的高度带是存在的，然而在其他季节，该高度带与 2800m、3200m 类似，属于虚假最大降水高度带。

综合上述，研究区在冬季存在一个海拔 2300m 左右的最大降水高度，之后在春季、夏季和秋季，该最大降水高度带被抬升到海拔 4200m 左右。由于冬季降水量很少，因此在年尺度上，仅存在海拔 4200m 左右的一个最大降水高度带。总体而言，最大降水高度带在冷干季节向暖湿季节转换时，降水高度带上移，祁连山北坡降水量整体也呈现增加趋势，到达海拔 4200m 左右时，年降水量由张掖的 130mm 增加到 875mm。Erk（1887）在巴伐利亚（Bavarian）山区也发现了类似的结果，该区最大降水高度带从冬季的 700m 上升到夏季的 1600m。在喜马拉雅山西部安纳布尔纳峰（Annapurna）地区有研究表明在 6 ~ 9 月，3000m 处是最大降水高度带，而干冷季（10 月至次年 5 月）降水随海拔呈现单调增加趋势，干冷季节和雨季最大降水高度带存在明显的差异（Putkonen，2004）。

山区最大降水高度带的形成，是大气环流、地形、局地风场以及下垫面类型等共同造成的。祁连山为西风带、东亚季风和高原季风的交叉影响区（Wang et al.，2004；徐娟娟等，2010）。3 个水汽环流的强弱变化及交互作用，造成祁连山区降水量–海拔的复杂关系，但研究区所在的祁连山北坡中部地区，西风带是控制当地降水量多寡的重要因素。Browning（1986）研究表明，中纬度山区的冬半年降水常受到温带气旋的影响。在研究区，疏勒高压和祁连东端高压控制着整个冷季（汤懋苍，1963），这导致逆温层以上以晴朗天气为主，降水较少。这个逆温层顶高度大约在 2200m，当冷湿高原水汽被西风带强迫抬升到逆温层以上时则形成降雪（林之光，1995）。李玲萍等（2014）报道，冬季大约有 81% 的降雪是冷西风和暖湿高原水汽相遇造成的。受此影响，研究区冬季的凝结高度相对较低，在祁连山前容易形成最大降水高度带，这应该是冬季在 2300m 山前地带形成最大降水高度带的原因。

夏季，水汽主要来自于西风带携带的黑海和里海的水汽（Zhao et al.，2011）。在 40°N 附近形成黑河低压（汤懋苍，1963；林之光，1995），黑河低压和 200hPa 处的西风急流导致水汽抬升，出现山区降雨随海拔升高而增加的现象。这种天气尺度的气流抬升容易造成强烈的热对流，并受局地风场影响，容易形成小范围阵性降水，一般出现在研究区的下午至晚上。葫芦沟小流域 6 套自动气象站监测结果表明，2015 年海拔 3700m 以上的降水事件超过 120 个，而海拔 2980m 处则不足 100 次（图 3-11），不同海拔位置的降水事件数量也有较大差别，而这些站点之间的最远距离也只有几千米（图 3-7）。葫芦沟气象梯度观测结果表明，从海拔 2980 ~ 4484m 气温基本随海拔升高线性减少 [图 3-12（a）]，年气温递减率约为 –4.5℃/1000m，在冰川末端的 4200m 处年平均气温约为 –4.7℃。相对湿度在海拔 3400m 和 4400m 均出现相对高值区 [图 3-12（b）]，而饱和差也随海拔升高而减少

［图3-12（c）］。这说明在越高的地区，环境更加冷湿，更有利于水汽的凝结。

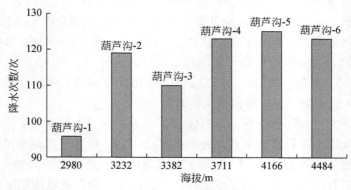

图3-11　葫芦沟小流域2015年不同海拔站点记录的降水次数（Chen et al.，2018）

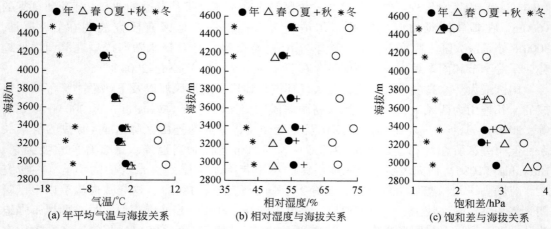

(a) 年平均气温与海拔关系　(b) 相对湿度与海拔关系　(c) 饱和差与海拔关系

图3-12　葫芦沟小流域季和年平均气温、相对湿度和饱和差随海拔的变化（Chen et al.，2018）

　　研究表明，地形对降水的影响主要取决于气团稳定性、风速风向以及地形的起伏（Barry，2008）。由几列平行且不断增高的高山组成的山系垂直于主水汽方向时，容易产生多个降水最大高度带（林之光，1995），如图3-13所示。Carruthers 和 Choularton（1983）指出在山谷半幅宽度超过20km的山区，最大降水高度带往往出现在山顶或背风坡。而高大山系由于有复杂的地形，故风场往往也非常复杂，进而降水分布也较复杂（Barry，2008）。白天谷风和夜间山风的辐合作用，往往在某些特殊地形条件下形成降水集中区。Alpert（1986）研究表明，最大降水往往出现在陡坡下较为平缓的地区，而位于海拔4166m处的观测点恰好就处于这样的地形中。葫芦沟实测风场数据结果表明，海拔4200m左右往往形成辐合风场（图3-14）。常学向等（2002）在寺大隆发现的3650m最大降水高度带情况也类似。

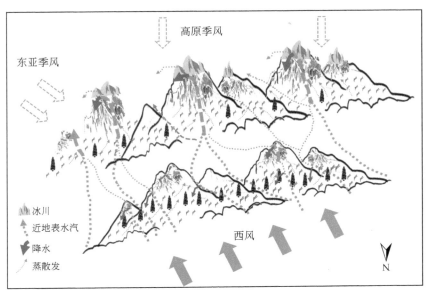

图 3-13　研究区西风带水汽近地面运移示意图（Chen et al.，2018）

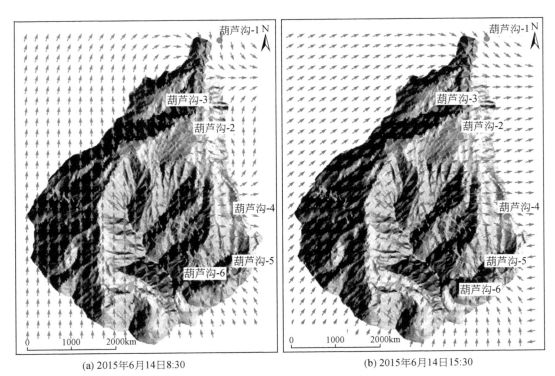

(a) 2015年6月14日8:30　　　　　　　　(b) 2015年6月14日15:30

图 3-14　葫芦沟流域 2015 年 6 月 14 日 8：30 和 15：30 1.5m 高处的风场（Chen et al.，2018）

结果来自于葫芦沟 1～6 号站点风向数据插值；受复杂地形条件影响，远离这些观测站的风向数据与实际情况可能不符

　　此外，冰川"冷岛"效应也是最大降水高度带形成的因素之一。尽管在研究区域内没有冰川内外对比的实测数据，但根据王宁练等（2009）在祁连山七一冰川的对比观测结果表明，同等高程情况下冰川内的气温比冰川外要低，但相对湿度冰川内外差异不大。天山科其喀尔冰川的对比观测结果表明，在2007年11月到2008年6月，两个地理位置接近但海拔相差65m的两个气象站之间，冰川内（80°07′29.9″E，41°48′40.0″N，海拔4021m）的气温要比冰川外（80°06′39.0″E，41°47′57.0″N，海拔3956m）低1.2℃（图3-15）。这个气温差异要远远大于正常的气温直减率，表明冰川是一个"冷岛"。同期冰川外的相对湿度要低1.7%。这说明冰川既是"冷岛"又是"湿岛"。胡隐樵（1987）、Sturman（1987）曾利用数值模拟方法，模拟出"冷岛"效应能够促进降水的凝结。在祁连山北坡大约有2500条冰川，这些冰川应该造成的一定区域性"冷岛"效应促进了最大降水高度带的形成。而本书在4200m最大降水高度带处有5条小冰川，它们也可能会形成"冷岛"效应。

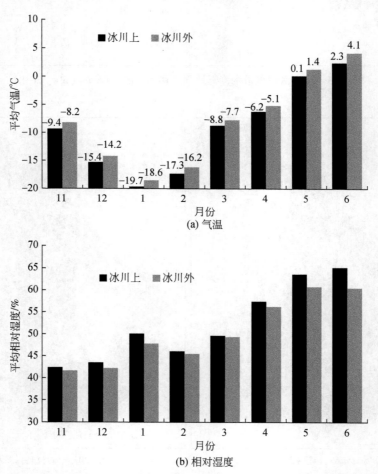

图3-15　2007年11月至2008年6月天山科其喀尔冰川内外气温和相对湿度对比

　　此外，祁连山的青海云杉，祁连圆柏和灌丛分布面积近5265km²。根据研究区内2003～

2006 年大野口（100°17″E，38°24″N，海拔 2750m）青海云杉林内外气温和相对湿度对比观测发现，林内气温只在 3 月、4 月和 9 月比林外高，多年平均值约低 0.24℃（图 3-16），同时年平均相对湿度林内比林外高约 9.4%。胡隐樵（1987）曾通过数值模拟实验，初步证实了"冷岛"和"湿岛"对降水凝结的促进作用。森林的冷湿效应可能是形成如图 3-8 所示的 8 月及如图 3-11 所示夏季出现在海拔 3100m 左右降水峰值的原因。

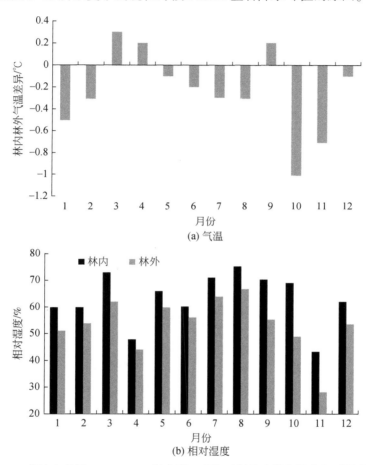

(a) 气温

(b) 相对湿度

图 3-16　祁连山北坡 2003～2006 年大野口青海云杉林内外气温和相对湿度对比

综合上述，研究区冬季最大降水高度带在海拔 2300m 左右，受气流抬升作用，最大降水高度带在其他季节出现在海拔 4200m 左右，形成了海拔 4200m 左右的年最大降水高度带。大气环流、天气尺度的对流抬升、山区地形和下垫面共同造成了该区最大降水高度带的位置。局地特殊的辐合风场、主水汽源前方陡峭的地形以及冰川的存在，使该区最大年降水高度带出现在海拔 4200m 左右。但这个高度在不同山区，甚至在祁连山东段或西段，也会有所不同，具体出现在哪个高度，还取决于当地风场、地形和下垫面等的组合情况，如祁连山七一冰川附近可能就出现在海拔 4500m 左右（王宁练等，2009）。地面降水加密观测、大气数值模型以及卫星数据的组合研究，有望进一步了解该科学问题。

3.3　高山区降水产品

3.3.1　西部寒区多源降水数据精度评价

　　利用 155 个地面台站降水数据（图 3-17），评价了包括 CMORPH、TMPA 3B42 V6、APHRODITE、V2 气象共享网数据以及 ITPCAS 在内的 5 套融多源遥感卫星降水数据，在中国西部寒区的适用情况。表 3-4 给出了 6 种数据的分布范围、时空分辨率、数据长度等信息。

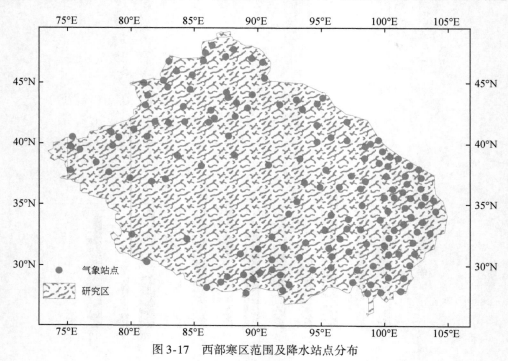

图 3-17　西部寒区范围及降水站点分布

表 3-4　评价数据的基本信息汇总

数据产品	范围	空间分辨率	时间分辨率	数据长度	研究时段	融合遥感数据	融合实测数据
CMORPH	60°N~60°S；180°W~180°E（全经度）	0.25°	3h	2002 年至今	2008~2010 年	Y	N
TMPA 3B42 V6	50°N~50°S；180°W~180°E（全经度）	0.25°	3h	1998 年至今	2008~2010 年	Y	Y
APHRODITE	亚洲	0.25°	日尺度	1951~2007 年	1970~2007 年	N	Y

续表

数据产品	范围	空间分辨率	时间分辨率	数据长度	研究时段	融合遥感数据	融合实测数据
V2 气象共享网数据	15°N~59°N；70°E~140°E	0.1°	3h	2008 至今	2008~2010 年	N	Y
气象台站	青藏高原、新疆地区	155 个站点	日尺度	1951 至今	2008~2010 年	N	Y
ITPCAS	青藏高原	0.1°	3h	1979~2010 年	2008~2010 年	Y	Y

从评价结果来看，多源遥感降水数据与实测降水的相关系数在夏季较高，在冬季较差与冬季降水的相关性较差［图 3-18（a）］。从验证结果看，由于 APHRODITE 采用站点插值，所以相关性高于其他产品，ITPCAS 数据相关性次之，V2 数据相关性略高于 TRMM，CMORPH 与站点相关性最差。从相对误差的结果来看，冬季降水与实测降水相对误差较小，夏季相对误差较大，其中 V2 和 APHRODITE 误差相对其他降水产品误差较小［图 3-18（b）］。5 种降水产品与站点降水数据空间差异较大（图 3-19）。由于这些降水产品空间分辨率较粗，降水海拔梯度不明显，难以反映高山区复杂地形条件下的实际降水分布特征。

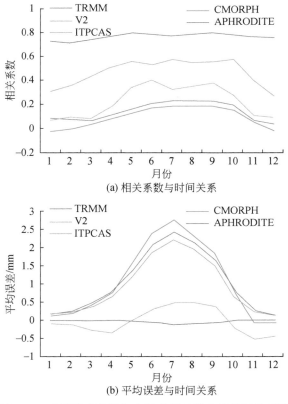

(a) 相关系数与时间关系

(b) 平均误差与时间关系

图 3-18　多源降水数据与台站数据月降水量的相关系数

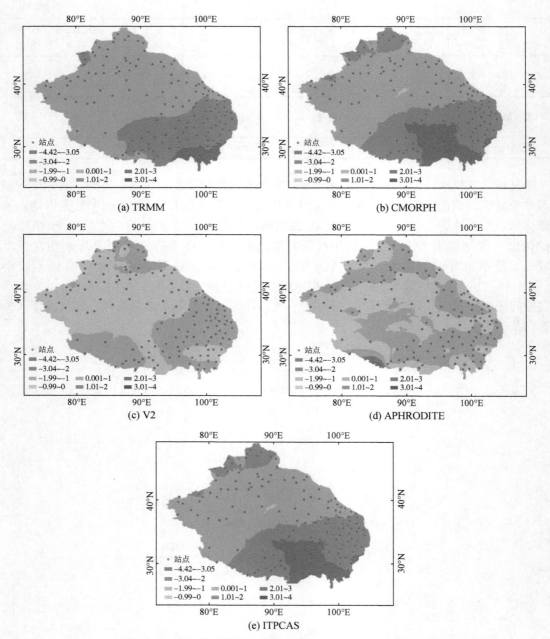

图 3-19 多源降水数据与台站数据年降水量平均差异对比

图中单位为 mm

3.3.2 高寒山区月降水产品（CAPD）

基于国家气象站降水数据、中国科学院野外台站降水数据（图 3-1）以及境外的降水观测数据，在对数据进行固液态降水分离的基础上，按照降水类型分别进行观测误差校正。利用站点地理位置和高程与月降水量的关系，建立统计关系，从而计算格网尺度的降水量。

鉴于如图 3-1 所示的野外站高海拔站点观测序列较短，因此首先应将野外站高海拔站点与最近的国家气象站月降水量建立线性关系，用国家气象站降水数据插补高海拔站点的过去数据，获取高海拔地区的长数据序列。然后建立月降水量与站点经度、纬度及海拔的多元线性回归方程，每个月单独建立公式，之后用相应公式以及 1km 栅格的地理位置信息和海拔计算各栅格的月降水量。各月多元线性回归方程的效率系数如图 3-20 所示。在建立多元线性回归方程时，预留了部分站点，作为回归方程结果的验证，验证结果如图 3-21 所示。

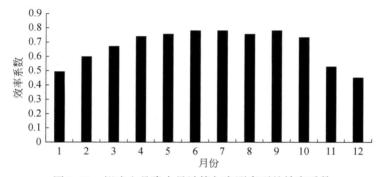

图 3-20　祁连山月降水量计算与实测序列的效率系数

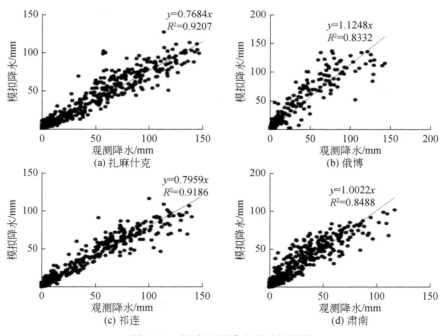

图 3-21　祁连山月降水量验证结果

获取的包括祁连山、长江源区、天山和喜马拉雅山 4 个地区的降水数据集如图 3-22 所示。降水数据集为 1km ×1km 月尺度降水数据集，时间为 1960～2013 年。该套数据暂命名为中国高寒山区月降水数据集（CAPD Ver 1.0），相关数据可以在国家自然科学基金委员会支持建立的寒区旱区科学数据中心直接下载①（图 3-23）。

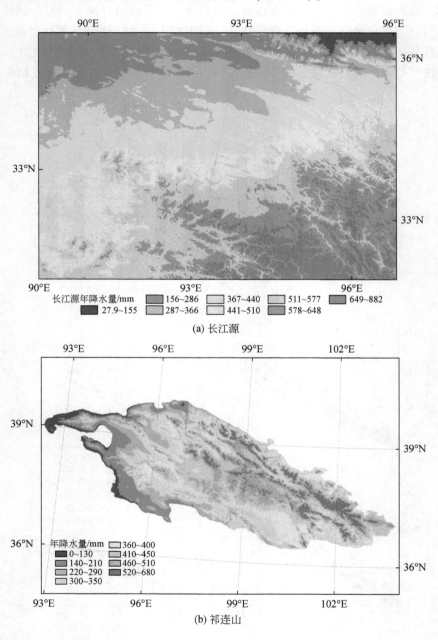

(a) 长江源

(b) 祁连山

① 网址如下：http://westdc.westgis.ac.cn/data/a453aed8-f12b-4a40-a235-d19be8f87045。

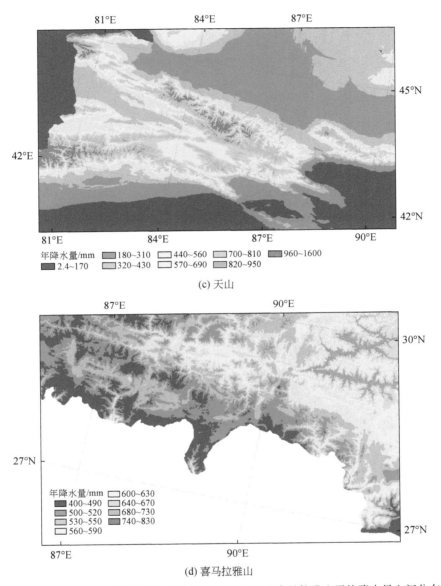

(c) 天山

(d) 喜马拉雅山

图 3-22　1961～2013 年祁连山、长江源区、天山以及喜马拉雅山平均降水量空间分布

　　综上，本章介绍了高山区自设降水监测网络，研究了降水类型判别及降水观测误差校正方法，探讨了降水量–海拔梯度关系及最大降水高度带，评价了 CMORPH、TRMM、APHRODITE 等 5 种降水数据的精度。在这些工作基础上，基于中国高海拔站点、国家基准/基本气象站和境外站点降水数据，利用统计模型制作了近 50 年以来 4 个高山地区的逐月降水数据集，并已发布和共享，该数据集为当前高山区精度最高的月降水数据集。

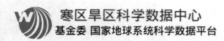

WestDC　　首页　　数据产品　　数据评审　　数据作者　　知识积累　　新闻动态　　关于本站

⌂ / 数据产品

中国高寒山区月降水数据集(CAPD)
China alpine region month precipitation data set

中国高寒山区月降水数据集包括祁连山（1960-2013）、天山（1954-2013）、长江源（1957-2014）地区月降水数据集。

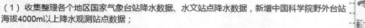
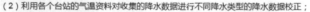
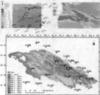

分布式水文模型需要高精度的降水空间分布信息作为输入。由于站点稀少，站点插值降水无法体现高寒山区的降水空间分布。本数据集生成方式：

（1）收集整理各个地区国家气象台站降水数据、水文站点降水数据，新增中国科学院野外台站海拔4000m以上降水观测站点数据；

（2）利用各个台站的气温资料对收集的降水数据进行不同降水类型的降水数据校正；

（3）建立降水数据与海拔、经度、纬度之间的关系，逐月拟合生成1km尺度的月降水数据集。

本数据插值年份为1954-2014年，数据投影方式：Albers投影，空间插值精度为1-km，时间精度为逐月数据。数据经过交叉验证，站点观测数据验证，结果表明插值降水具有可靠性。

数据采用ASCII文件存储，天山和长江源月降水数据文件的文件名均为YYYYMM.txt形式，YYYY为年份，MM为月。祁连山逐月降水数据名称为：month_10001.txt,该文件为1960年1月降水数据，依次month_10002.txt为1960年2月降水，month_10013.txt为1961年1月降水数据，......month_10648.txt为2013年12月降水数据。每个ASCII文件代表当日的网格降水数据，单位为mm。

图 3-23　中国高寒山区月降水数据集网页

第4章　冰川水文过程及融水变化

冰川融水在西部寒区流域占有较大比重，在有些流域比重可达70%以上。冰川是重要的水源，稳定的径流补给维系着河川径流的稳定，这对于西北干旱区至关重要。不同类型、不同规模的冰川，对气候变化的敏感程度互异，其产汇流过程也存在较大的差别。而在同一流域内，一般存在多条不同规模、不同成因的冰川，这种组合使冰川融水径流的变化及其对流域径流的影响更为复杂。本章主要探讨冰川消融及汇流过程、融水特点及其影响因素，分析冰川水文效应及其过去和未来变化。

4.1　冰川水文过程

冰川表面在积累期接受降雨、降雪、凝华、再冻结的雨，以及由风及重力作用再分配的风吹雪、雪崩等发生积累；在消融期可能同时发生积累和消融过程，消融过程包括融雪、融冰、升华、融水径流、冰体崩解，以及流失于冰川之外的风吹雪及雪崩等。由于气温垂直递减率（气温随海拔升高而呈线性降低的现象，一般以0.6℃/100m）的存在，冰川上部气温较低，消融较慢甚至不消融，冰川下部为消融区，随着年内消融过程的变化，逐步形成了以零平衡线为分界线的积累区和消融区（图4-1）。降雨、冰雪融水在冰川体

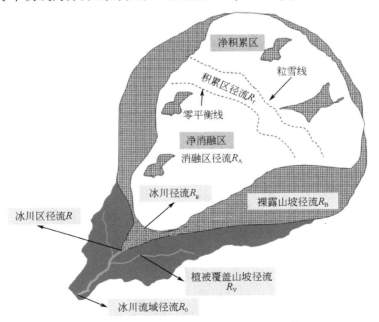

图4-1　大陆型冰川流域径流组成示意图（丁永建等，2017a）

43

特别是冰川表面发生的产流、蒸发/升华，以及冰川融水从冰川表面、冰内和冰下三种途径抵达冰川末端的过程，是冰川水文的基本过程。

4.1.1 冰川融水径流的有关概念

由于冰川空间分布及其产汇流过程的特殊性，有关冰川融水径流的概念及其组成目前有几种不同的观点（丁永建等，2017a）。

1）冰川融水径流为冰川末端直接观测到的径流（冰川区径流 R）（图 4-1），即冰川区的所有径流，是包括来自冰川消融区（R_A）、积累区（R_f）和裸露山坡（R_B）产生的所有径流

$$R = R_A + R_f + R_B \tag{4-1}$$

冰川消融区径流（R_A）主要包括

$$R_A = R_W + R_S + R_I + R_M \tag{4-2}$$

式中，R_W 为冰川消融区内冬、春和秋季积雪融水径流（mm）；R_S 为冰川消融区内夏季降水，包括固态与液态降水径流（mm）；R_I 为冰川消融区冰融水径流（冰川冰径流），包括冰川表面裸露冰、冰内和冰下融水径流（mm）；R_M 为埋藏冰融水径流（mm）。

大陆型冰川积累区一般不产流，但在夏季高温季节，在零平衡线至粒雪线之间（图 4-1）会有融水径流（R_f）产生。由于大陆型冰川雪线高、温度低、能量低，R_f 可忽略不计；而对于海洋型冰川，R_f 则不可忽略。

当裸露山坡面积在冰川区内所占的比例很小时，冰川区径流与冰川的融水径流相当。但裸露山坡面积比例较大时，若将来自冰川区裸露山坡径流（R_B）都归入冰川融水径流，则造成冰川径流的高估。

2）来自冰川的所有径流（R_f+R_A），包括在冰川积累区径流（R_f）和消融区内径流（R_A），但不包括裸露山坡径流（R_B）。这是目前最常用的冰川径流的概念。

3）除夏季降水外冰川上所有的径流（$R_f+R_A-R_S$），即冰川区径流除了扣除裸露山坡径流外，还应当扣除当年降落在冰川上但未经冰川成冰作用的夏季降水。

4）只包括粒雪和冰川冰消融的径流（$R_f+R_A-R_S-R_W$），即冰川融水径流仅仅包括冰川冰和粒雪融水形成的径流。

5）冰川冰融水径流（R_I），即仅指冰川冰融化形成的径流。

第 1 种和第 2 种观点在概念上不甚严格，扩大了冰川融水的作用。第 3 种和第 4 种观点考虑了冰川的成冰作用，将冰川上的降水划归为山区积雪，又不排除降水在冰川发育中的作用，因此，它们作为评价冰川融水径流对河流的作用是比较合理的。但因资料有限，在实际估算中有一定困难。第 5 种观点忽略了由粒雪到冰川冰的作用。为简化计算，一般采用第 2 种观点。考虑到冰川在对气候变化的响应过程中面积是动态变化的，为评估冰川融水径流的变化，通常将某一时期（一般采用第一次冰川编目的 20 世纪 60 年代）冰川面积上的产流作为总的冰川径流，冰川表面的产流作为冰川区产流，冰川退化区上的降水径流作为退化区产流，然后分析冰川径流的长期变化。本书中冰川径流的长期变化分析和预

估均是按这种概念进行分析的。

通常，表征冰川融水径流采用如下特征参数。

1）径流深 R。径流深是指在某一时段内通过河流上指定断面或流域内的径流总量（W，通常以 m^3 计）除以该断面以上的流域面积（F，以 km^2 计）所得的值。它相当于该时段内平均分布于该面积上的水深（以 mm 计）

$$R = \frac{1000W}{F} \tag{4-3}$$

对于单条冰川来讲，一般用整条冰川的径流深（包括积累区和消融区，但不包括裸露山坡）表征；对于含有多条冰川的流域，则用所有冰川的产流量与流域面积的比值表征冰川融水径流对流域的贡献情况。

2）径流模数 M。径流模数是单位冰川面积上单位时间内所产生的冰川融水径流量，单位为 $m^3/(s \cdot km^2)$。

3）径流系数 α。径流系数是冰川融水总径流深（mm）与同期降水量（mm）的比值，通常用于年尺度上的对比。降水径流系数一般小于 1，对于冰川融水径流，其径流系数可能大于 1。

4.1.2 冰川产汇流过程

从冰川水文的角度来看，冰川接收固态水的过程称为冰川的积累或补给，包括降水、冰崩、雪崩、水汽的凝结和凝华、降雨再冻结、风吹雪等；相反，冰川中固态水的支出称为冰川的消融或损失，包括雪和冰的融水径流、融水下渗、水汽蒸发、雪冰升华、风力及重力作用下造成的雪冰迁出等。一般情况下，冰川的积累主要来源于降水的补给，而冰川的损失主要为雪冰的表面消融。冰川通过积累与消融过程，形成了冰川的正物质平衡或者负物质平衡。与其他下垫面不同，冰体作为类塑性体，其自身会根据冰川的物质平衡做出响应，这就是冰川的动力响应过程。当长时间物质平衡接近于零时，冰川接近稳定状态，冰川的形态保持稳定。当长时间物质平衡为负时，冰川不仅表现为末端的退缩，面积的萎缩，其积累区和消融区的形态也会发生变化。目前，在水文模型中模拟冰川面积的变化及末端的进退相对比较简单，但要详细考虑动力响应过程非常困难。

降雪是冰川积累的主要来源。降落于冰川积累区的降雪，经过雪晶的变形、雪层密实化和成冰作用等过程，转化为冰川冰。由雪转化为冰的时间长短，视成冰作用的机制不同而有较大差异。发育于陡峻山区的冰川，冰川补给除直接降雪外，冰崩及雪崩补给也是冰川积累的重要来源。如发育在中国天山西段的托木尔型山谷冰川，粒雪盆一般比较狭窄，而冰舌部分却比较长，且下伸较低，粒雪盆两侧陡峭的山坡和高山夷平面上的积雪通过冰、雪崩的途径，增大了冰川的补给量。此外，融水受日内温度的影响在粒雪、冰面或裂隙中重新冻结，该过程也被称为冰川的内补给过程，在物质平衡计算中同样计入积累。

冰川消融包括冰雪融化形成的径流、蒸发、升华、冰体崩解，以及流失于冰川之外的风吹雪及雪崩等。其中以冰雪融化形成径流而流出冰川系统为主要方面。当冰雪面气温高于0℃时，冰雪物质达到融点而发生由固体向液体的相态转换，从而产生融水。积雪升华和融水蒸发也是冰川消融的一个重要方面。升华和蒸发都是冰川吸收潜热的表现，因而与近地表层的风速、气温、雪（水）温和下垫面特征等有关。过去冰面蒸发（升华）被认为量很少（Hock，2005；Sun et al.，2012），一般在水文计算中均将其忽略不计。但对大陆型的慕士塔格15号冰川能量平衡模拟计算表明，冰面升华对能量和物质平衡的贡献都超过了消融（朱美林，2015），这说明不同气候区冰川升华在水循环中的作用可能差别很大。

冰川融水在冰川表面产生，可以从冰川表面、冰内和冰下三种途径抵达冰川末端，而这三种途径又相互沟通，构成了复杂的冰川排水系统。不同类型、不同面积冰川的排水系统和汇流过程也有较大差异。

对于小型大陆型和极大陆型冰川，在冰川消融期，融水和液态降水主要从冰面的水道网中流动，逐步汇流到冰川末端，该过程类似于普通的坡面汇流过程。对于中大型冰川尤其是海洋型冰川，其中大部分的融水沿冰川表面的裂隙和冰内通道进入冰川内部，少部分沿冰面两侧和末端直接流出冰川体，进而汇流成一条或几条巨大水流从冰川末端流出。影响冰川汇流的因素，除常规的地形坡度外，冰川汇流主要与冰川类型、长度、表碛、冰湖特征、积雪分布面积和厚度、冰川裂隙以及其分布特征等有关。由于对冰川内部实际排泄方式、汇流路径、水热交换、冰内排水系统的演化及影响因素等缺乏详细、全面认识，基于物理过程量化冰川汇流还存在很大困难，目前国内外在对冰川汇流过程描述时均进行不同程度的简化处理。

4.1.3　冰川产流的主要影响因素

不同类型的冰川产流可能存在较大差异，这主要与冰川的结构、类型、下垫面特征及冰川区的气候、地形等条件有关。

1）裸冰和积雪消融的能量。对于大多数冰川而言，裸露冰面为冰川的主要消融区，是冰川产流的主要来源。影响裸冰消融强度的因素包括太阳直接辐射、大气长波辐射、气温、地表反照率、地形遮蔽度等。

2）降雨。按照4.1.1小节中的冰川融水径流的概念，冰川区液态降水（降雨）直接产流也是冰川径流的重要组成部分。一方面，雨水降落于冰面后会立即形成表面径流；另一方面，雨滴与冰之间会发生热量交换，对冰面的消融具有微弱的促进作用。此外，强降雨往往伴随着降温，这对于冰面消融有一定的抑制作用，而强降雨的直接冲刷往往对冰面的产流又具有一定促进作用。

3）表碛覆盖。冰川表面覆盖的表碛对冰川消融的作用因厚度差异而不同。当表碛的厚度小于一定阈值（0.3m）时，表碛的存在会加剧冰川的消融；而当表碛的厚度大于该阈值时，表碛的存在则会抑制冰川消融。例如，在科其喀尔冰川，研究组通过建立基于物理过程的表碛覆盖下的冰面消融模型和冰崖消融模型，对0.7m、1.2m和2.0m三种表碛厚度下地温及冰面消融速率的模拟表明，表碛区不同试验点的地温差异较大，说明不同表碛厚度对消融的不同作用。利用该模型对科其喀尔冰川的模拟表明，冰碛下埋藏冰消融占 2007～2011 年冰川径流的 17.9%（Han et al.，2015）。

4）黑炭等吸光性物质的影响。黑炭等吸光性物质主要通过降低冰面反射率增强冰面消融。在亚洲观测到冰川表面的可溶性有机碳占冰川表面黑炭的 40% 左右，并且黑炭在青藏高原南侧显著高于高原北侧。然而，由于目前黑炭的观测只局限于少量几条冰川，因此还难以在模型中直接定量其对区域冰川消融的影响。

5）冰崖消融。表碛区内冰崖消融模型可以用冰崖表面（斜面）的能量平衡方程为基本物理方程，通过详细计算各能量分量来估算冰崖的消融热，继而得到冰崖的消融速率。模型对于 2008 年 8～9 月表碛区 38 个冰崖的消融速率都进行了较好模拟，平均误差为 ±1.96cm/d。结果分析指出，短波辐射占冰崖消融热的 76%，其他热量主要来源于感热输送（Han et al.，2015）。

6）冰内及冰下消融。由于冰川垂向的结构差异及冰川运动、水力及热力对冰川有侵蚀作用，表面融水径流通过冰裂隙、冰井等进入冰川内部，并沿冰内的排水通道向下游迁移。此外，来自于底部基岩的热量也能够促进冰川底部的消融。同冰川融水径流总量相比，冰内及冰下的融水量仅占很小的一部分，通常在冰川融水模拟中将其忽略不计。

7）冰川储水释放。运行于冰川表面和冰川内部的融水，可能因冰川运动、地形、气候和冰川构造等变化发生排水不畅，而留存于冰川上，形成冰川储水，如冰面湖、冰内空洞和冰裂隙内的积水等。这些冰川储水可能在存储条件发生改变时排出冰川系统，出现如冰川湖溃决洪水、冰川冬季径流等现象。尤其对于大型山谷冰川，冰川的储排水效应对冰川径流的变化具有重要影响。

4.1.4 冰川融水径流特点

与降雨径流相比，冰川融水径流具有如下特点。

1）高度的气温（热量）依赖性。不同于降水径流与降水过程紧密相关的特点，冰川融水径流对气温（能量或热量）具有高度依赖性，这也是寒区水文过程的主要特点之一。对于冰川而言，消融和径流主要发生在冰面温度大于 0℃ 及以上，其与气温有密切的联系，存在明显的消融季，但不同气候区、不同类型冰川消融季的长短和起始时间存在很大差别，但均具有明显的季节性特征。北半球大陆型冰川的主要消融时间一般为 5～9 月。

2）径流的长期变化会受到冰川自身的动态调整影响。在全球变暖背景下，大型冰川主要表现为厚度减薄，中小型冰川则表现为消融区不断变薄，冰川末端不断退缩，冰川面积逐步缩小。但冰川作为一种近似塑性体，在重力作用下会发生向下运动，从而导致积累区和消融区的面积发生变化，进而对冰川融水径流产生影响。另外，冰川作为巨大的"冷储"，冰川消融要消耗大量热量，反过来消融能够部分阻止冰面温度的更快升高。冰川运动和"冷储"是冰川得以长期存在的主要原因。同时，冰川运动也可能造成冰内及冰下通道的变化，这种变化反过来也会影响冰川的汇流过程。这种现象是冰川区产汇流过程的特色之一,由此形成了特色的融水径流过程。冰川的动力响应是一个长期的过程,但也可能在短期内形成冰川跃动等,如 2015 年 5 月新疆克孜勒苏柯尔克孜自治州阿克陶县公格尔九别峰发生冰川跃动和冰崩,周边 1.5 万亩①草场、上百头牲畜消失,61 户牧民房屋受损。冰体长约为 20km,平均宽度为 1km,跃动冰体体积约为 $5 \times 10^9 \text{m}^3$ (Shangguan et al., 2016)。

3)对降水径流的丰枯调节。长期看,冰川作为固体水库,可通过自身的变化对水资源进行短期(年内到多年)和长期(几十年到数世纪)两种方式调节。从短期看,冰川区能够将降水转化为雪和冰保存,具有年内调节作用;在高温少雨的干旱年,冰川消融加强,冰川融水径流增加并补给河流,增加了河流枯水年的径流,减少或缓解了用水矛盾,这对极端干旱年尤为宝贵;相反,在多雨低温的丰水年,大量的降水转化为雪和冰储存于冰川,对应的冰川消融径流减少。研究表明,冰川径流的这种调节作用在冰川覆盖率大于 5% 的流域尤为显著(叶佰生等,1999)。

从长期看,冰川的形成和变化过程需要几百、上千年甚至更长时间。因此,冰川的长期波动变化对水资源具有长期调节作用。正是冰川这种固体水库的存在,才使得寒区河流在枯水年份不至于断流,故冰川具有重要的水资源意义。但在气候变暖背景下,冰川面积萎缩,其对径流的长期调节作用也会降低(Zhao et al., 2015)。

4)高产流特性。在气候变暖背景下,冰川融水径流的径流系数在多数年份大于 1.0,融水径流不仅来自于当年的降水积累量,更多来自于冰川本身体积的缩小。对乌鲁木齐河源 1 号冰川流域来说,1980~2003 年河流径流的增加主要来源于冰川融水径流的增加,冰川的持续负物质平衡是其主要原因(Ye et al., 2005)。

4.2　冰川水文效应

冰川的水文效应主要表现在两个方面:一是在全球尺度上表现为对全球平均海平面变化的影响,二是在流域/区域尺度上主要表现为水量补给(水资源作用)和流域调丰补枯作用。

4.2.1　冰川变化对海平面的影响

自工业革命以来,人类温室气体排放引起的全球气候变暖,已经使全球平均海平面变化超出了自然因素控制的范围。在百年时间尺度上,气候变暖改变了海-气之间的能量交换,并使海水通过温度和盐度的变化影响海平面变化,其中海水温度上升引起的热膨胀对海平面上升影响显著。全球陆地冰的加速消融是海平面上升的另一个主要因素。除南极和格陵兰之外的山地冰川总面积为 $51.2 \times 10^4 \sim 54.6 \times 10^4 \text{km}^2$,体积为 $5.1 \times 10^4 \sim 13.3 \times 10^4$ km^3,若全部消融全球海平面则会升高 $0.15 \sim 0.37\text{m}$。山地冰川虽仅占全球冰储量的 1%,但由于其地处比极地冰盖更为温暖的气候环境中,规模较小,对温升的响应更为敏感,在

---

① 1 亩 ≈ 666.7㎡。

当前气候背景下退缩很快，对于海平面上升具有重要的贡献。IPCC 第五次评估报告综合了多种算法的研究结果，评估了不同时期山地冰川对海平面的贡献（表4-1）。总体来看，20世纪 70 年代后随着全球变暖，山地冰川对海平面的贡献呈增加趋势，其中 2005~2009 年其贡献显著高于前期平均值（Ren et al.，2011）。

表 4-1　IPCC 评估报告给出的不同时期山地冰川融化对海平面的贡献 （单位：mm/a）

时间	对海平面贡献
1901~1990 年	0.54±0.07
1971~2009 年	0.62±0.37
1993~2009 年	0.76±0.37
2003~2009 年	0.59±0.07
2005~2009 年	0.83±0.37

资料来源：IPCC，2013。

4.2.2　流域水源作用

冰川以固态水转化为液态水的方式形成水源，其释放的是过去长期积累的水量，冰川融水径流及其对寒区流域河川径流的贡献，受控于流域冰川数量、大小、形状、面积比率和储量等因素。

冰川融水是西北干旱区流域重要的水资源以及淡水资源的调节器，在中国西北地区水资源的开发利用中占有很重要的地位。20 世纪 80~90 年代，我国曾对中国冰川水资源进行了第一次评估，综合冰川融水径流模数法、流量与气温关系法、对比观测实验法等，将代表性地区结果扩大至山脉、山区以至全国，首次估算出中国冰川年径流总量为 563.3×10⁸m³（杨针娘，1991），随着第一次冰川编目完成，估算的冰川年径流量修订为 604.65×10⁸m³（康尔泗等，2002），这主要反映了我国的冰川静态水资源。近年来，根据改进的月度日因子模型估算的 1962~2006 年中国冰川多年平均年融水径流总量为 629.56×10⁸m³（高鑫，2010；Zhang et al.，2012a）。

冰川融水对流域径流量的贡献多少，主要取决于流域内的冰川覆盖率、冰川规模及组合形态。在我国西北地区，冰川融水量较多的流域主要为天山、阿尔泰山和青海东南部地区，年冰川融水径流深可达 1000mm 以上。冰川融水比例高的流域主要发源于冰川发育好且气候干旱的天山和昆仑山山区，冰川补给率高达 50% 以上；河西的疏勒河冰川补给率也高达 30% 以上；发源于青藏高原的几条大河源区，由于降水相对充沛，冰川径流补给率相对较低，约为 10%。

4.2.3　流域径流调节作用

冰川还具有调丰补枯作用。若流域冰川覆盖率大于 5%，则冰川融水径流对于稳定流域径流具有很大的作用。在丰水年份，由于降水较多，积累了较多的水量，而且降水期间气温相对于非降水期间偏低，冰川消融相对较慢。这些水量在干旱少雨年份释放，由于气温较高，冰川消融量较大，从而补给流域更多的冰川融水量。以黑河干流山区流域为例，气候越暖干的年份，流域冰川融水径流量越多，融水比例也越大。该流域多年均冰川融水比例仅为3.5%，但在干旱年份却接近5.0%（图4-2），在干旱月份则高达16%。

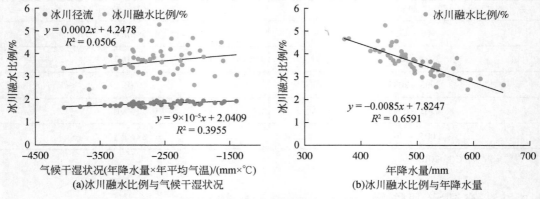

图4-2　黑河流域年冰川融水与气候暖湿情况的关系

此外，冰川不断由积累区向消融区运动，并将积累区存储的冰量缓慢地向消融区运移，从而减缓了冰川的萎缩速率。正是冰川的这种运动和调丰补枯作用，才使得多数干旱区河流具有相对稳定的河川径流，绿洲得以保持稳定。

近几十年来，受全球变暖影响，冰川普遍萎缩，冰川的这种调丰补枯作用正在发生着显著变化，萎缩的冰川面积降低了冰川的多年调节作用。例如，冰川持续萎缩的阿克苏河流域，径流的年径流变差系数随着冰川萎缩而增加，冰川面积在2000年和2007年相对1990年分别减少了8.9%和13.2%，年径流变差系数则分别增加了2.4%（约0.004）和3.2%（0.005）（图4-3）（Zhao et al.，2015）。

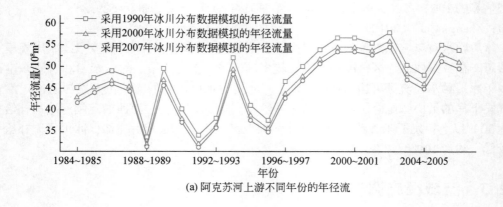

(a)阿克苏河上游不同年份的年径流

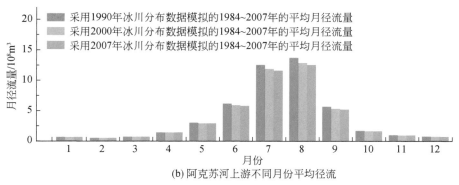

图 4-3 利用三期的冰川分布模拟的阿克苏河上游 1984~2007 年的各月平均径流（Zhao et al.，2015）

4.3 过去 50 年冰川融水径流变化

4.3.1 乌鲁木齐河源 1 号冰川变化对融水径流的影响

乌鲁木齐河源 1 号冰川（86°49′E，43°05′N）是我国观测序列最长的冰川，冰川径流的观测点（简称 1 号冰川水文点）位于 1 号冰川下游约 300m 处，包括 1 号冰川在内的流域控制面积为 3.34km²，流域内冰川覆盖率在 1980 年为 55.6%，到 2006 年已下降为 50%。乌鲁木齐河流域 1 号冰川径流平均年径流深从 1980~1995 年的 580.2mm，增加到 1996~2003 年的 817.0mm，增加了 236.8mm，占观测期间年平均径流的 35.4%，而同期的降水量增加了 94.5mm（20.3%），夏季平均气温升高了 0.8℃（图 4-4），降水变化对径流增加的贡献约为 12.3%，其余 171.6mm（约 23.1%）为冰川物质负平衡损失的贡献，

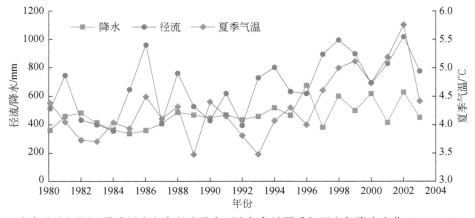

图 4-4 乌鲁木齐河源 1 号冰川水文点径流及大西沟气象站夏季气温和年降水变化（Ye et al.，2005）

同期的平均冰川物质平衡为-283.0mm 水当量，考虑到53%的冰川覆盖率，其对径流的贡献相当于150.0mm（25.8%）（图4-5）（Ye et al.，2005）。从径流变化和流域水量平衡看，两者结果较为一致，表明强烈的温度上升过程导致了冰川的强烈消融，而降水的增加也起到了叠加效应。

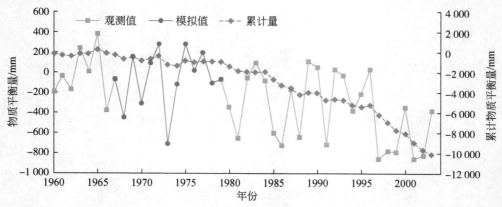

图4-5　1959～2003 年乌鲁木齐河源1 号冰川物质平衡和累计物质平衡（Ye et al.，2005）

本书利用1980～2006 年实测水文气象数据和5 期冰川区地形图作为模型输入，并采用增加了冰川模块的 HBV 模型（hydrologiska fyrans vattenbalans model）计算了乌鲁木齐河源1 号冰川流域的冰雪消融日径流过程（图4-6），结果表明对考虑冰川面积变化和度日因子的年际变化调整使得模拟结果有很大改善，这说明模型本身对度日因子高度敏感，在较长时间尺度上的模拟研究应当将冰川面积视为变量逐年更新以提高模拟精度。依据水量平衡原理，本书反推了流域的冰川物质平衡（图4-7）和冰川体积变化（图4-8），对比实测资料表明，在较长时间尺度上冰川面积变化对冰川融水径流的影响不可忽略。若将冰川面积视为常数进行模拟，这将会使得模拟径流比实际偏大，过去26 年平均误差在7% 左右。由于冰川面积的变化，长期的冰川物质平衡并不能真实反映冰川体积的变化，故建议长期冰川变化中用累计冰川体积变化表示，可能更为准确。

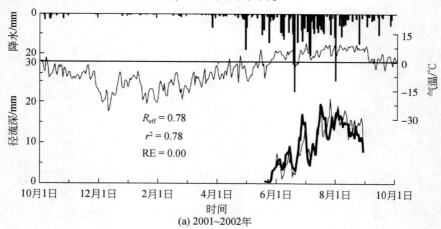

(a) 2001～2002年

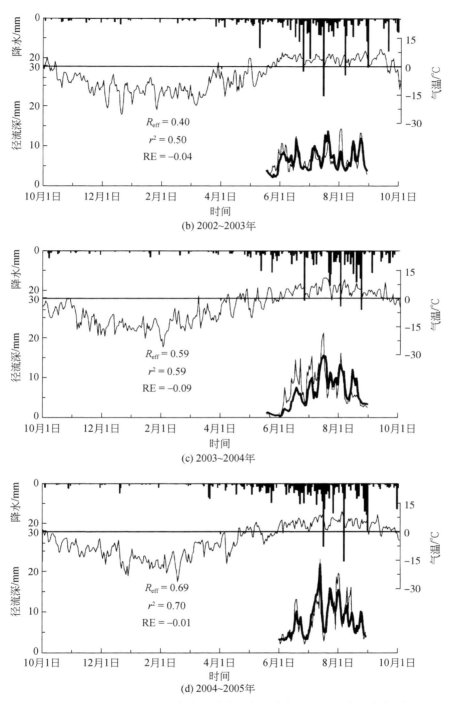

图 4-6　2001～2005 年逐年实测降水、气温资料以及 1 号水文点实测
径流深与 HBV 模拟径流深对比

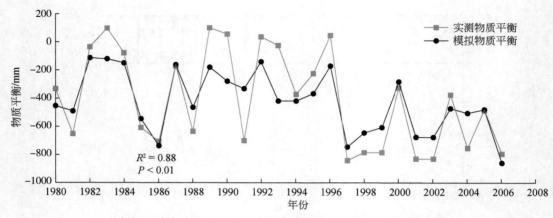

图 4-7　乌鲁木齐河源 1 号冰川流域模拟与实测年物质平衡对比

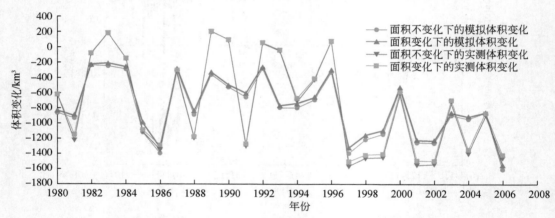

图 4-8　乌鲁木齐河源 1 号冰川流域模拟与实测体积变化对比

4.3.2　不同规模冰川的融水量变化特征

对于单条冰川来说，无论气候变暖的速度如何，在气候变暖的初期，冰川融水径流深均会显著增加而冰川的面积变化不大，从而导致冰川径流量的增加。在气候持续增温和降水变化不大的情景下，随着冰川面积的退缩，冰川径流量在一定时期将达到峰值并随后开始减少。利用简化的冰川动力模型对伊犁河流域不同规模冰川融水径流的模拟结果表明，对流域内面积为 5km² 的冰川来说，径流达到的峰值大小和出现时间完全取决于未来的温度上升速率，升温速率越大，径流峰值越大，且峰值出现时间越早（图 4-9）。而对于流域内不同规模的冰川而言，冰川越小，融水径流对气候变化越敏感（峰值大，出现时间早）（叶柏生等，2012）。

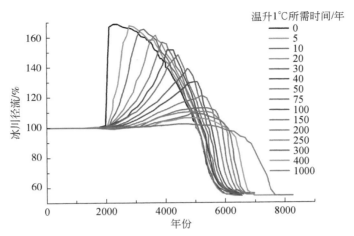

图 4-9　伊犁河冰川融水径流对不同温升速率的响应过程（冰川面积为 5km²）（叶柏生等，2012）

4.3.3　中国西部冰川融水量评估

寒区流域冰川径流的变化趋势不仅与流域内的冰川规模、冰川覆盖率有关，同时还与冰川对气候变化的敏感性有关。除气候本身变化的区域差异外，冰川融水径流变化的差异还取决于冰川的物质平衡水平、冰川规模（可能与冰川中值面积和冰川作用差有关）和冰川类型的差异。随着区域气温持续上升，冰川消融速率增大，冰川面积不断萎缩，这导致冰川产流区范围逐步缩小，相应的冰川消融量也趋于减少，最终的结果是流域冰川融水径流在未来的某一时刻将开始减少。

另外，随着气候变暖，冰川消融增强，冰川区的裸冰区面积相对扩大，这导致反射率降低，对冰川的消融又起到促进作用。气温的升高也导致平衡线高度上升，冰川上的粒雪区和积雪区面积减少、厚度减薄。但是同样平衡线高度的变化，所引起冰川积累区面积变化的程度不同，在不同规模的冰川则有较大差别，规模较小的冰川积累区面积的相对变化远大于规模较大的冰川。

由于冰川消融受气候、辐射、遮挡等多种环境要素的影响，观测的雪和冰的度日因子随时间变化可能不同，加之观测的雪和冰的度日因子也十分有限，因此，如何利用统一的方法对冰川融水变化过程进行评估一直具有一定的困难，为此，发展了分流域的冰川融水量估算方法，并建立了相应的评估平台，对中国西部冰川融水的变化过程有了定量理解。

4.3.3.1　冰川融水量评估思路

下面以中国冰川融水量评估为例，简单介绍评估中国冰川融水量的方法和流程以及模型参数的率定和检验过程（Zhang et al.，2012a）。

在中国西部冰川融水的评估中本书采用了子流域—流域—全国的评估思路，子流域的划分依据为在每一子流域有且仅有一个水文观测站点。在子流域内部，按照冰川高程带计算各高程带的水量平衡。模型分别对各个子流域的冰川融水计算中调整参数，最后得到子流域的冰川物质平衡和融水量。流域和全国尺度的冰川融水是对各子流域融水量的累加。模型中冰川的消融过程采用了改进的月尺度度日因子模型计算（Zhang et al.，2012a），度日因子模型的计算流程如图4-10所示，模型中的参数的率定过程如图4-11所示。

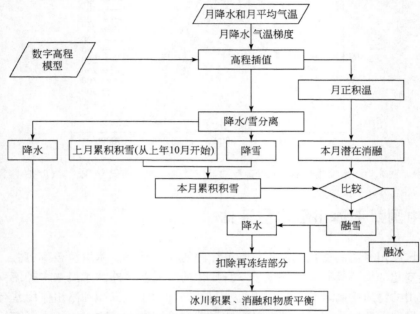

图4-10　改进的月尺度的度日因子模型计算流程（Zhang et al.，2012a）

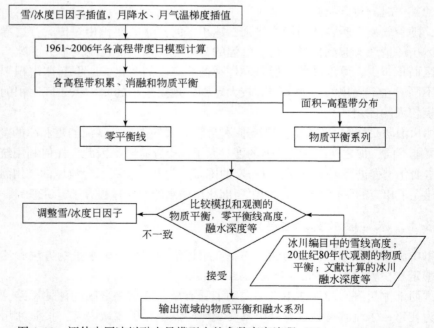

图4-11　评估中国冰川融水量模型中的参数率定流程（Zhang et al.，2012a）

模型采用中国西部 242 个气象台站 1961～2006 年月降水和气温数据、1∶25 万的数字高程模型（digital elevation model，DEM）、第一次冰川编目数据以及出山口及其以上流域受人类活动影响较弱的水文站 1961～2006 年的月径流资料。

模型在计算过程中所需参数包括雪和冰的度日因子、降水梯度、最大降水高度带、雨雪分离气温、液态降水临界气温、固态降水临界气温、液态降水校正系数、固态降水校正系数、融水渗浸冻结率、高程分带间隔等。流域冰川面积-高程分布按 100m 高程分带间隔生成冰川面积高程分布。流域的冰川物质平衡与融水径流按高程带面积加权得到。

降水梯度和气温递减率主要利用流域或周边地区的观测资料计算获得。雪和冰的初始度日因子由过去 50 年不同时期 15 条冰川的观测数据插值获得，通过模型验证后，再调整度日因子。固、液态降水临界气温和固、液态降水校正系数是根据乌鲁木齐河源和祁连山的观测结果及相关研究确定，融水渗浸冻结率来源于天山乌鲁木齐河源 1 号冰川的研究结果。

模型参数的率定根据比较同一时段内模型计算的初步结果与流域内观测的短期资料或其他研究计算的冰川融水径流系数完成。通过模拟结果与实测资料的对比，调整子流域的融雪和融冰度日因子，最后，利用调整后的度日因子重建流域的物质平衡和冰川融水径流系列，从而评价过去几十年内冰川融水对流域水量变化的影响。

模拟结果的对照验证数据包括：第一次冰川编目的平衡线高度及来源时间；短期考察数据和相关文献中的平衡线与时间；流域有实际观测冰川的物质平衡、平衡线等以及流域冰川融水量的结果；中国第一次冰川融水量计算结果（杨针娘，1991）；其他的冰川物质平衡与冰川融水量研究结果。由冰川面积变化推算冰川储量变化，与模型计算的物质平衡变化量对比也是模型验证的依据之一。

以上用不同方法得到的数据，都可作为模型的参考及验证资料，具体到不同的子流域时，则用不同的数据进行验证。在验证时如果有多项参考资料，不同资料具有不同的优先级，从高级到低级依次为冰川编目资料、单条冰川物质平衡观测资料、遥感获取的局地累积物质平衡资料、杨针娘（1991）估计的 20 世纪 70 年代的融水年径流深、其他研究方法估计的融水径流资料等。

根据以上评估流程，在开放式的地理模型共享平台（GeoService）的基础上，构建了中国西部冰川融水评估平台（Feng et al.，2010）。该平台包含模型计算部分和地理信息服务（web-service）部分。对各个流域的融水评估和对未来冰川融水变化的预估均基于该平台完成。

4.3.3.2　典型流域冰川融水评估——以塔里木河为例

据中国第二次冰川编目结果统计（刘时银等，2015），塔里木水系中国境内共发育有冰川 12 664 个，冰川面积为 17 649.94km^2，冰储量为 1841.27km^3，分别占全国相应总量的 26.1%、34.1% 和 41.0%，是中国冰川分布数量最多和规模最大的水系。在塔里木河流域各大支流中，冰川主要分布在叶尔羌河、和田河、喀什噶尔河、克里雅河、阿克苏河和渭干河等大流域。这些流域分布的冰川面积占塔里木河流域冰川总面积的 94%，其中和田河和叶尔羌河流域的冰川面积占全流域冰川面积的54%。

（1）模型参数确定

塔里木河各子流域的降水梯度主要来自不同文献（高鑫，2010），输入模型中的月降水梯度如表4-2所示。塔里木河流域的气温递减率是根据国家气象台站按纬度与月份统计得出。模型调整后的各子流域的度日因子如表4-3所示。

表4-2 塔里木河流域各主要支流月降水梯度 （单位：mm/100m）

河流	1月	2月	3月	4月	5月	6月	7月	8月	9月	10月	11月	12月	全年
开都河	0.2	1	1	2.5	5.2	5.9	5.1	4.3	3.3	1	0.8	0.9	31.2
叶尔羌河	0.42	0.49	0.42	0.78	1.64	2.64	2.07	1.56	1.07	0.27	0.1	0.32	11.8
渭干河	0.6	0.6	0.6	4.8	5	5.2	4.9	1.5	0.8	0.6	0.6	26	
阿克苏河	0.29	0.35	0.75	0.75	2.33	4.59	4.81	4.35	2.37	0.77	0.4	0.42	22
玉龙喀什河	0.4	0.4	0.4	0.4	0.4	0.4	1.2	1.2	0.4	0.4	0.4	0.4	6.4
喀拉喀什河	0.24	0.24	0.24	0.24	0.24	0.41	0.81	0.81	0.24	0.24	0.24	0.24	4.2
喀什噶尔河	0.4	0.4	0.40	0.4	0.4	0.56	0.56	1.2	0.4	0.4	0.4	0.4	5.9
克里雅河	0.38	0.38	0.48	0.38	0.38	1.2	1.2	1.2	0.38	0.38	0.38	0.38	7.1
车尔臣河	0.11	0.11	0.11	0.11	0.11	0.11	0.18	0.18	0.11	0.11	0.11	0.18	1.5

资料来源：高鑫，2010。

表4-3 塔里木河流域率定后的冰度日因子与雪度日因子 ［单位：mm/（d·℃）］

河流	开都河	渭干河	阿克苏河	叶尔羌河	克里雅河	车尔臣河	喀什噶尔河	和田河
冰川冰度日因子	2.5	2.2	2.5	7.3	11.0	13.0	1.0	8.8
积雪度日因子	1.5	1.4	1.4	4.6	7.0	7.5	0.6	5.4

资料来源：高鑫，2010。

（2）模型验证

塔里木河在流域尺度上模拟结果的验证包括：表4-4为文献中估算的冰川物质平衡与同期模型计算的物质平衡，除了帕米尔高原冰川流域模拟的物质平衡偏高之外，其他流域计算的冰川物质平衡与文献中估算结果比较接近。从冰川融水量的对比（表4-4）看，模型计算的结果与其他研究也较为一致。从零平衡线高度的对比（表4-5）看，模型计算的20世纪80年代之前的平衡线高度（ELA_g）与中国冰川编目（施雅风，2005）中用赫斯法量算的平衡线高度（ELA_h）以及编目中应用冰川面积加权计算的平衡线平均高度（ELA_{ha}）基本吻合（表4-5）。将ELA_g与王欣等（2003）用冰川的均值高度H_{me}计算的流域所有平衡线高度ELA_{hc}对比，ELA_g与ELA_{hc}也较为接近。从模拟的物质平衡与遥感获取的冰川变化对比看，帕米尔高原的喀什噶尔河和天山的开都河物质亏损最严重，叶尔羌河、和田河、克里雅河和车尔臣河物质亏损较为微弱，这与塔里木河流域各个支流冰川退缩的区域规律（Shangguan et al.，2009）是一致的。从以上对比验证可以看出，模型的计算结果与用不同方法得出的流域冰川特征值非常接近，能够较好地模拟流域冰川物质平衡、平衡线高度和冰川融水径流。

表 4-4　塔里木河流域冰川物质平衡与冰川融水径流估算的比较　（单位：mm）

项目	河流	对比时间	模型计算值	文献估算值	文献来源
冰川物质平衡	喀什噶尔河	1962～2002 年	−312	−150	沈永平等，2002
	叶尔羌河	1962～2002 年	−169.2	−150	沈永平等，2002
	叶尔羌河	1961～1990 年	−117.5	−100.1	康尔泗等，2002
	玉龙喀什河	1961～1990 年	−29.2	−21.2	康尔泗等，2002
	台兰河	1961～2000 年	−261.2	−287	沈永平等，2003
冰川融水径流	塔里木河	1963～1999 年	−112.3	−106.5	刘时银等，2006
	塔里木河	1961～1991 年	662.8	670.9	杨针娘，1991
	塔里木河	1961～2000 年	697.9	671.2	康尔泗等，2002
	塔里木河	1961～2004 年	710.1	636.6	谢自楚等，2006
	台兰河	1961～2000 年	1102.4	1137.1	沈永平等，2003

资料来源：高鑫，2010。

表 4-5　塔里木河流域主要支流冰川平衡线高度　（单位：m）

流域	ELA_g	ELA_h	ELA_{ha}	ELA_{hc}
开都河	3955	3850～4010	3921	3865
叶尔羌河	5205	4790～6010	5360	5284
渭干河	4170	3920～4230	4190	4164
阿克苏河	4355	4290～4390	4334	4360
喀什噶尔河	4600	4280～4910	4584	—
克里雅河	5432	4620～6060	5490	5470
车尔臣河	5275	4920～5640	5310	5259
和田河	5498	4780～6260	5560	5443

资料来源：高鑫，2010。

（3）模拟结果

1）冰川物质平衡变化：模拟的塔里木河流域 1961～2006 年冰川物质平衡变化如图 4-12 所示。可以看出 2000 年之后是塔里木河流域自 20 世纪 60 年代以来物质亏损最严重的时期，帕米尔高原的喀什噶尔河和天山的开都河呈现显著的负平衡，它们 46 年累积物质平衡分别为−14.6m 和−14.5m，叶尔羌河物质亏损也比较严重，累积物质平衡达−8300mm 水当量。和田河、克里雅河和车尔臣河呈现微弱的负平衡，而且在 90 年代之前以正平衡为主，表明昆仑山流域冰川物质平衡基本稳定。整个塔里木河流域 1961～2006 年平均冰川物质平衡为−139.2mm/a，累积物质平衡为−6400mm 水当量（图 4-13）。1991 年之后物质平衡呈显著的负值，平均物质平衡为−240.1mm/a，与 1961～1990 年相比物质平衡平均增加−154.6mm/a。在气候由暖干向暖湿转型的背景下（施雅风等，2003），1961～2006 年塔里木河流域冰川区降水增加了 10.7mm，温度也在持续升高，在降水增加与温度持续上升的气候背景下，物质平衡出现强烈的亏损状态，其结果是在塔里木河流域冰川区，尽管降水在增加，冰川积累却呈现下降的趋势。强烈的温度上升导致冰川物质亏损加剧，同期温度上升对冰川的影响超过降水增加的影响，这一结果与乌鲁木齐河源 1 号冰川（Ye et al.，2005）的观测结果一致。

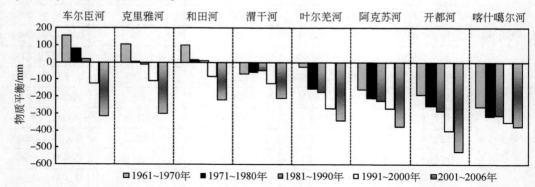

图 4-12　1961～2006 年塔里木河流域主要支流冰川物质平衡变化（高鑫，2010）

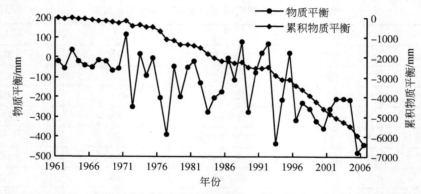

图 4-13　1961～2006 年塔里木河流域冰川物质平衡和累积物质平衡的变化（高鑫，2010）

　　2）冰川融水变化及其对径流的影响：通过冰川物质平衡（B_n）与冰川融水径流（Q）的相关分析可以看出（图 4-14），二者呈反相关关系，表明塔里木河冰川融水量的年际变化主要受控于流域内冰川的物质平衡波动。尽管 46 年来降水在增加，物质平衡却一直呈下降趋势，冰川融水的持续增加主要是由温度升高引起的。模型估算的塔里木河流域冰川融水径流变化序列如图 4-15 所示，1961～2006 年塔里木河流域各支流的冰川融水都呈增加趋势，整个塔里木河流域冰川年平均融水量为 144.16×10⁸ m³，从 20 世纪 60 年代的 121.05×10⁸ m³ 增加到了 70～80 年代的 137.99×10⁸ m³，90 年代增加到了 157.85×10⁸ m³，2000 年之后是 46 年来冰川融水径流量最大的时期，平均融水径流量达 180.40×10⁸ m³，高出多年平均值 20.1%。整个塔里木河流域河川径流量为 347.0×10⁸ m³，冰川融水补给比重为 41.5%，比杨针娘（1991）计算的结果偏大。其中塔里木河四源流冰川融水对河流径流的补给率为 43.5%，且 1991～2006 年冰川融水对河流径流的补给比例由 1961～1990 年的 41.5% 增加到 46.5%。由此可见，20 世纪 80 年代末西北气候发生转型导致的温度快速上升（施雅风等，2003）促使冰川融水径流量迅速增加。塔里木河流域 46 年来冰川融水径流和河流径流变化趋势十分显著，河流年径流量与冰川融水年径流量的距平累积变化以 1993 年为转折年，1993 年之前表现波浪式下降趋势，1993 年之后则表现为较快的上升趋势，1994～2006年二者同时发生了增多的跃变，这与徐海量等（2005）研究塔里木河径流变化的结论一致，气候的暖湿变化在出山径流与冰川径流中得到了很好体现。同时，塔里木河流域出山径流年际变化与冰川径流年际变化过程基本一致，二者总体上呈上升的趋势，46 年冰川融水对河流径流的补给率总体上也呈增加趋势（图 4-16），表明流域河流径流的丰枯变化主要受冰川融水波动控制，气候变暖背景下，冰川退缩对河流径流的影响在不断加强。

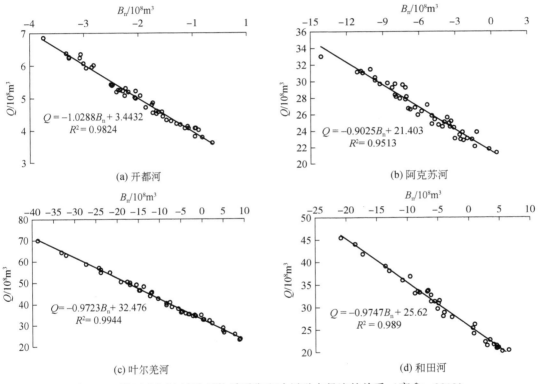

图 4-14　塔里木河流域冰川物质平衡和冰川融水径流的关系（高鑫，2010）

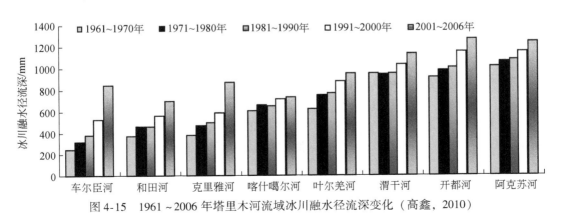

图 4-15　1961～2006 年塔里木河流域冰川融水径流深变化（高鑫，2010）

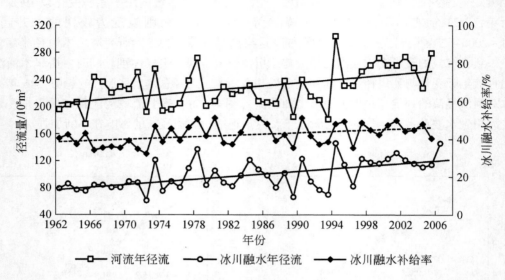

图4-16 1961～2006年塔里木河流域四源流冰川融水径流、河流径流与冰川融水补给率
的年际变化（高鑫，2010）

1991～2006年与1961～1990年相比，冰川融水径流量增加了178.1mm（24.11×10⁸m³），增加了26.4%，其中约1.6%来源于降水增加，24.8%来源于冰川物质损失；河流径流增加了28.13×10⁸m³（12.8%），其中约1.8%来源于降水增加，11.0%来源于冰川融水径流的贡献，即河流径流增加量的85.7%是冰川退缩的结果。气温升高0.5℃导致167.4mm的冰川物质损失，它是在克服10.7mm降水（假设全为固态降水）后的结果，相当于物质平衡变化356.2mm/℃。对流域冰川物质平衡和河流径流的分析可知，冰川物质平衡变化100mm可引起河流径流变化16.80×10⁸m³，而整个塔里木河46年累积物质平衡为6.4m，相当于额外补给河流径流量1075.46×10⁸m³，约为塔里木河年径流量的3.1倍（高鑫，2010）。

4.3.3.3 中国冰川融水量的变化特征

基于改进的月尺度的度日因子模型，利用长期和短期的观测资料对我国西部冰川进行了逐流域的参数率定和检验，从而对我国西部主要流域过去几十年的冰川融水变化系列重建。计算与模拟的物质平衡、零平衡线等与观测值对比表明具有很好的一致性（图4-17），说明计算成果具有很高的可靠程度。我国冰川融水自20世纪60年代以来呈逐步增加的趋势，1961～1970年、1971～1980年、1981～1990年、1991～2000年和2001～2006年全国总的冰川融水分别为517.76×10⁸m³、590.87×10⁸m³、615.16×10⁸m³、695.48×10⁸m³和794.67×10⁸m³，其中2001年以来冰川融水呈加速增加趋势（表4-6）。

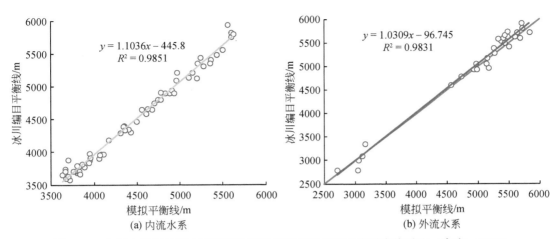

图 4-17　内流水系和外流水系模拟物质平衡线与冰川编目中平衡线对比（高鑫，2010）

表 4-6　中国西部冰川融水变化

流域水系	1961～1970 年	1971～1980 年	1981～1990 年	1991～2000 年	2001～2006 年
印度河/$10^8\,m^3$	5.36	7.39	7.96	10.76	12.58
恒河/$10^8\,m^3$	260.16	298.02	312.22	341.06	379.41
怒江/$10^8\,m^3$	23.45	24.60	25.43	29.54	35.70
澜沧江/$10^8\,m^3$	3.83	3.96	4.07	4.52	5.30
黄河/$10^8\,m^3$	1.75	1.82	1.77	1.91	2.19
长江/$10^8\,m^3$	17.04	18.75	18.68	22.54	28.47
额尔齐斯河/$10^8\,m^3$	3.23	3.33	3.32	3.50	3.63
外流水系合计/$10^8\,m^3$	314.83	357.87	373.45	413.83	467.27
塔里木盆地/$10^8\,m^3$	121.05	136.73	139.26	157.85	180.39
哈拉湖/$10^8\,m^3$	0.11	0.12	0.13	0.15	0.16
甘肃河西内陆河/$10^8\,m^3$	8.12	9.06	9.12	11.67	14.76
柴达木盆地/$10^8\,m^3$	7.36	8.23	8.62	11.45	14.52
天山准噶尔盆地/$10^8\,m^3$	17.92	18.81	18.65	20.76	22.73
吐-哈盆地/$10^8\,m^3$	2.39	2.36	2.40	2.59	3.12
新疆伊犁河/$10^8\,m^3$	21.16	22.55	22.86	24.79	26.91
青藏高原内流区/$10^8\,m^3$	24.73	35.13	40.68	52.38	64.81
内流水系合计/$10^8\,m^3$	202.82	233.00	241.71	281.64	327.40
总计/$10^8\,m^3$	517.65	590.87	615.16	695.48	794.67
变化百分比/%	0.00	14.1	18.8	34.4	53.5

资料来源：高鑫，2010。

整个西部冰川流域 1961～2006 年平均冰川物质平衡达 -6700mm 水当量，平均为 -147.1mm/a，损失的冰储量约为 402.2km³，占到第一次冰川编目估算冰储量的 7.2%；

46 年物质平衡整体呈现向负平衡发展的趋势。中国西部年平均冰川融水量为 $629.56 \times 10^8 \, \text{m}^3$（内流水系 39.9%，外流水系 60.1%），1961～2006 年基本呈增加趋势，2000 年之后是 46 年来冰川融水径流量最大的时期，平均融水径流量达 $794.67 \times 10^8 \, \text{m}^3$（高出多年平均26.2%）。由于流域间气候系统、冰川规模、地形条件等的差异，冰川融水对河流的补给比重各地不一，总的分布趋势是由青藏高原外围向高原内部随着干旱度的增强与冰川面积的增大而递增。西部冰川流域，冰川融水补给比重达 12.2%，融水径流总量约为全国河川径流量的 2.3%。

1961～2006 年估算的我国主要流域冰川物质平衡，以青藏高原为中心冰川物质损失由中心向外围逐步增加，这与 20 世纪 60 年代到 2000 年冰川变化的区域差异一致（Ding et al.，2006），这一结果揭示了我国冰川物质平衡变化的时空特征，阐明了我国冰川时空变化规律的直接原因。

4.4 未来冰川融水的变化

4.4.1 冰川融水变化预估方法

在探讨冰川长期变化对径流的影响中，需要考虑冰川运动过程，否则估算的冰川萎缩速率过快。但现有冰川运动的观测资料、相关参数以及普适性计算模型的缺乏使得难以直接利用经典的冰川动力学模型进行估算。近年来，为预估流域/区域尺度冰川变化对水资源的影响，除了经典算法冰川动力学模式外，还发展了大量的其他模型，其中应用更多的是在度日因子消融模型中耦合简单的冰川统计变化方案（如面积–体积变化方案），本章中国西部冰川融水预估使用的就是该类模型。

在流域尺度来说，可使用简化的考虑冰川形态特征的冰流模式。结合数字高程模型和冰川编目资料，提取模型所需的参数，建立一维冰流模型，主要流程如图 4-18 所示。

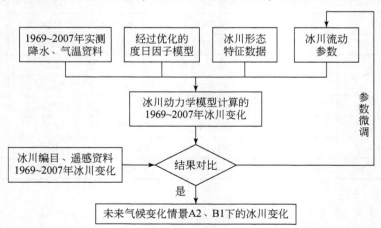

图 4-18 基于简化冰川动力学模型的冰川融水径流变化预估流程（丁永建等，2017a）

主要公式如下

$$\frac{\partial S}{\partial t} = -\frac{\partial Q}{\partial x} + BW \qquad (4\text{-}4)$$

式中，S 为冰川横断面面积（km^2）；Q 为通过横断面的冰通量（m^3/s）；B 为该断面的冰川物质平衡（mm）；W 为冰面宽度（km）。

$$\begin{cases} Q = \overline{U} \cdot S \\ \overline{U} = U_d + U_s = f_1 H \tau_d^3 + \dfrac{f_2 \tau_d^3}{\rho g} \\ S = H(W - H\tan\gamma) \\ \tau_d = -\rho g H \sin\alpha \end{cases} \qquad (4\text{-}5)$$

式中，$\overline{U}$ 为该断面上不同冰厚的平均冰流速（m/s）；U_d 为冰川内部变形所产生的冰流速（m/s）；U_s 为冰川滑动所产生的冰流速（m/s）；f_1 为冰的流动和断面形态参数；f_2 为冰川底部活动参数；τ_d 为冰川底部的剪切应力 [$kg/(m \cdot s^2)$]；H 为冰川厚度（m）；α 为冰面沿主流线的坡度。γ 为冰川侧面沟谷的坡度，假设冰川剖面为倒梯形，则 γ 为 45°；ρ 为冰的密度，一般取 $900kg/m^3$；g 为重力加速度，取值为 $9.8m/s^2$。冰川的横断面面积是冰川宽度、厚度和侧面沟谷坡度的函数。

利用不同气候变化情景下多模式集合平均的降水和气温预估结果（2008~2099 年）驱动一维冰流模型对未来冰川及其径流变化预估，结果表明，长江源冬克玛底流域 2050 年以前冰川径流仍会持续增加。

以 4.3.3 小节建立的中国冰川融水评估平台为基础，研究组构建了中国西部冰川融水预估流程（图 4-19）。该流程首先利用国家气候中心提供的 IPCC AR4 中 23 个模式集合平均的月平均气温和降水预估结果，计算流域内及邻近各气象站点所在格网 2007~2050 年各月相对过去时间段（如 1971~2000 年）的相对变化，进而利用各站点 1971~2000 年观测数据的平均值加上相对变化值，从而获得了各站点未来气候变化情景下的气象数据。在计算气温时，相对变化采用差值法计算，降水则采用比值法计算。

4.4.2 典型流域未来冰川融水变化

（1）融水径流量的变化

冰川退缩对冰川径流的影响程度受冰川规模及冰川组成影响。对于以大冰川为主或冰川平均面积较大的流域，冰川退缩速率相对较慢，冰川径流模数在变暖的条件下仍会增加，冰川总融水径流受冰川面积减少的影响相对较小，仍可能呈现增加趋势。例如，对叶尔羌河流域（冰川平均面积 $1.94km^2$）未来冰川融水变化的预估表明，冰川融水径流深在持续增加，增加速率在 3.6~16.5mm/a，由于冰川面积减缓较慢，冰川区径流 Q 也持续增加，在不同情景下，包含了冰川退缩区降水径流的冰川年总径流 Q_t 在 2050 年前均会增加，2011~2050 年相对于 1961~2006 年的冰川径流将增加 13%~35%（Zhang et al.，2012b）。

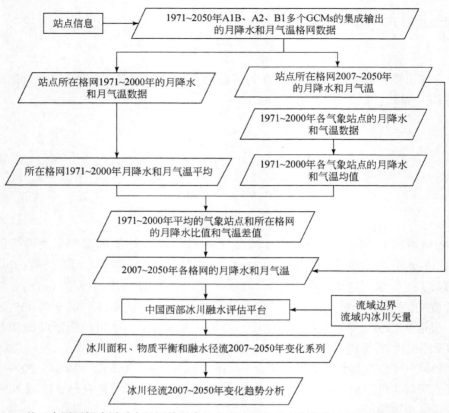

图 4-19　基于中国西部冰川融水量评估平台的未来冰川径流变化预估流程（Zhang et al.，2012b）

对于由小冰川组成的流域，气候变化敏感程度更高，冰川径流因冰川退缩可能已经出现拐点，或即将出现拐点。其中，祁连山的北大河流域（单条冰川平均面积为 0.45km² ）未来的冰川融水径流预估表明（Zhang et al.，2012b），冰川融水径流深没有明显的变化趋势，由于冰川面积减小较快，冰川区径流量 Q 持续减少，减少速率在 $0.013×10^8 \sim 0.016×10^8 m^3/a$，在不同情景下，包含了冰川退缩区降水径流的冰川年总径流 Q_t 在 2050 年前出现先增加后下降的变化，冰川径流发生拐点时间为 2011～2030 年。而对于靠近祁连山区东部、单条冰川平均面积约为 0.46km² 的石羊河流域，冰川对气候变暖更为敏感，冰川面积快速减少，冰川区的产流持续下降，冰川退缩区的降水径流持续增加，但由于降水径流系数远小于冰川区径流系数，包含了冰川退缩区降水径流的冰川年总径流 Q_t 在石羊河流域很可能已经在 21 世纪初期达到了拐点，冰川区总径流将持续下降（Zhang et al.，2015）。

冰川退缩对流域径流的影响程度取决于流域内冰川组成特征以及冰川径流在总径流中的贡献程度。对于冰川径流补给率较大的昆马力克河流域（估算的冰川径流补给率为53.6%），依据现在的冰川退缩速度进行情景预估，2050 年的冰川相面积相对于 2007 年可能将退缩 25% 左右，但在 RCP4.5 气候情景下，冰川径流相对于对照期（1984～2006 年）仍可能增加 11.6%，总径流因降水增加和冰川径流增加相比对照期将增加 11.7%（图 4-20）（Zhao et al.，2015）。

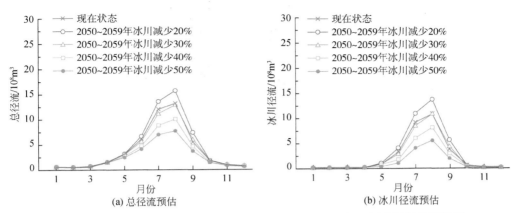

图 4-20　昆马力克河流域在 RCP4.5 情景下 2050～2059 年不同冰川退缩情景下
冰川径流和总径流预估结果 (Zhao et al.，2015)

但对于冰川径流补给率仅为 0.37% 的黄河源区 (唐乃亥水文站控制区)，在 RCP2.6
气候情景下的预估结果显示，2100 年冰川面积相比 2007 年将退缩 41.7%，冰川径流相对
于对照期 (1971～2013 年) 减少 49.5%，但由于预估的未来降水增加，黄河源区 2091～
2100 年的平均径流将比对照期增加 34.0% (图 4-21)。

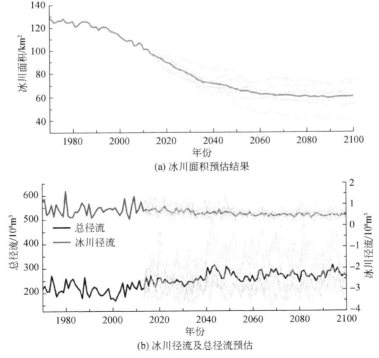

图 4-21　黄河源区在 RCP 2.6 情景下未来冰川面积、
冰川径流及总径流预估结果

（2）冰川径流年内分配特征的变化

在不同的气候变化情景下，不同流域冰川融水径流的季节分配特征会发生显著变化。总体来看，在气候变暖情景下，特别是春季温升显著的情况下，春末冰川融化期提前，融水径流增加，而夏季，特别是夏末的冰川融水径流可能会减少，但由于不同地区未来气候变化情景的不同，各流域年内分配的变化幅度和时间差异也较大。本书以叶尔羌河流域、北大河流域 2010～2030 年和 2031～2050 年相较于 1970～2000 年平均冰川融水径流的年内分配变化为例进行分析。

叶尔羌河在三种情景下的春季、夏季和秋季气温均有显著增加，且增加幅度相近，除冬季 2 月气温有所下降外，其他月气温增幅较小。降水将在各月有不同程度增加，其中冬季降水增加最为显著，增加幅度达到 12%～18%，夏季降水增加幅度在 8% 左右。在此背景下，预估的冰川融水径流在夏季有显著增加，特别在 7 月增加明显，而从 5 月冰川开始消融至 10 月冰川结束消融这一时段的变化较小（Zhang et al.，2012b）。

北大河在三种情景中的 11 月气温均有所降低，其他各月气温均有增加，其中夏季增温显著。预估的降水也有一定幅度增加，但在不同情景下预估的降水增幅相差较大。11～12 月预估的降水增加幅度在 4%～8%，其他月的增加幅度在 10% 左右。在此背景下，预估的冰川融水在春末夏初显著增加，而在夏末明显减少，其峰值也显著减少（Zhang et al.，2012b）。

对比两个流域的预估结果，无论是冰川融水径流的变化量还是季节分配，均与未来气候变化情景密切相关，其次冰川融水的变化趋势还受冰川规模大小影响。

（3）预估的不确定性

冰川径流预估的不确定性主要来自两个方面：一是未来气候变化情景的不确定性，其主要来自不同全球气候模式输出结果之间的巨大差异，包括对全球气候模式输出结果进行降尺度所带来的不确定性；第二个不确定性来自冰川在水文模型中计算方案的不确定性。不同的水文模型对冰川消融因素考虑的复杂程度差别很大，对于冰川面积的动态变化是否考虑也有很大不同。但在两种不确定性中前者占主要地位。

冰川径流预估的不确定性决定了流域径流未来预估结果的差异很大，特别是在冰川覆盖率高的流域，甚至会出现相反的变化趋势。例如，利用 SRM 模型预估的喜马拉雅地区 5 条大河在未来 A1B 气候变化情景下 2046～2065 年的日平均流量与 2000～2007 年日平均流量的对比可知，在冰川持续退缩的情景下，印度河上游河流径流将减少 8.4%，长江上游河流径流将减少 5.2%（Immerzeel et al.，2010）。而 Su 等（2016）预估的 2041～2070 年长江上游的径流将增加 10.7%～21.4%，印度河上游的河流径流将增加 6.3%～22.4%，两者获得的长江和印度河上游的径流变化趋势（减少与增加）完全不同。这些不确定性给流域的水资源管理者带来了困惑，是未来需要进一步研究的重点。

总之，冰川分布的高山区是我国西部众多河流的发源地，冰川对河川径流的调节作用直接影响着流域水资源的年内、年际分配。近几十年来，全球变暖已引起区域内冰川普遍萎缩，自 20 世纪 60 年代以来，我国冰川融水呈逐步增加的趋势。由于流域间气候系统、冰川状况、地形条件等存在差异，冰川融水对河流的补给比重不一，总的分布趋势是由青藏高原外围向高原内部随着干旱度的增强与冰川面积的增大而递增。未来气候变化情景下，对以大冰川为主或冰川平均面积较大的流域而言，冰川退缩速率会相对较慢，而冰川径流模数在变暖情景下仍会增加。因此，冰川区总产流量受冰川面积减少的影响会相对较小，冰川径流模数和冰川面积共同控制的冰川区总产流仍可能呈现增加趋势。而对于由小冰川组成的流域，小冰川对气候变化敏感程度更高，该流域的冰川退缩，可能使冰川径流出现拐点，或即将出现拐点。然而，目前冰川径流的未来预估尚存在较大不确定性，仍需进一步深入研究。

第 5 章　冻土水文过程及其流域水文效应

多年冻土或季节冻土在寒区流域内广泛分布，不同类型冻土的时空分布与水热特征存在一定差异，这使流域径流系数、流量峰值及年径流过程存在较大差异，并形成了不同于非冻土区流域的特殊水文现象。同时，冻土深刻影响了流域的生态系统和水系格局，使其形成了特殊的地貌、景观与水文地质环境。多年冻土区地下冰也对区域水资源和水文过程有着重要影响。在全球变暖大背景下，高山区多年冻土不断退化，活动层增厚，季节冻土冻结深度减小，冻土层不断变薄、融区扩大，使寒区流域冻土的隔水作用减弱甚至消失，影响和改变了流域的水文过程和生态系统。本章主要分析冻土水文过程的基本性质，探讨过去几十年来冻土退化及其对寒区流域水文过程的影响，并预估未来冻土退化对寒区流域水文过程的可能影响。

5.1　冻土水文过程

冻土水文主要研究冻结层上水、层间水以及层下水的迁移转化规律及其对流域水文过程及区域水循环的影响。多年冻土层的连续性及季节冻土的冻融过程会带来强弱不一的隔水效应，从而对区域的冻土水文过程产生不同的影响。相对于非冻土区，冻土区的水文过程有其特殊性：①冻土层的低渗透性；②多年活动层季节性的冻融过程影响冻土区大部分水文活动；③冻融过程伴随的能水变化直接影响土壤水再分配和土壤水储量变化；④年际、年内冰雪量变化影响整个水资源分配（Kuchment et al.，2000）。冻土的水热运移过程及其年内、年际变化直接影响流域尺度的水文过程差异。在祁连山区、高纬度北极沼泽区、加拿大高山沼泽区、西伯利亚中部和东部山区等地区的研究表明，冻土区的流域年内径流变化主要表现如下：①春初，表层土壤处于冻结状态，流域内基本无地表径流形成，径流主要由地下水补给；②春末夏初，冻土的融化层深度尚浅，冻土层的存在如同隔水层一样，阻止融雪水入渗，快速产生地表径流，单位面积产流量大；③盛夏达到最大融化层深度，季节冻土层消失，流域的调蓄能力增强，下渗及蒸发量大，洪峰削减；④冬季，泉水与地下水补给河流，因气温较低形成河冰（阳勇和陈仁升，2011）。河冰的融化也影响冻土区春季融水径流水文过程，甚至会引起地形地貌的改变（Walker and Hudson，2003）。

5.1.1　冻土弱透水性

一般认为冻土层是一个相对隔水层，冻土的入渗率远小于融土。为了对比分析冻融过程对土壤入渗过程和饱和导水率影响，研究组在黑河上游葫芦沟小流域高寒草原试验点开展了一系列自然条件下冻土完整冻融过程的双环入渗实验，获取了实验区野外实地完整冻融周期的土壤饱和导水率。不同冻融时期的地表饱和导水率实测结果表明（图 5-1），土壤饱和导水率与地表温度呈现较显著正相关关系：当温度下降时，双环入渗仪实测饱和导水率呈现明显下降趋势，当冬季气温急剧下降时，土壤完全冻结，双环入渗仪内水冻结，无法下渗，导水率无法通过双环入渗仪实测；春季，气温上升，地表冻土融化，地表饱和导水率可实测到；随着气温和地温继续升高，冻土融化，实测的饱和导水率逐渐升高。

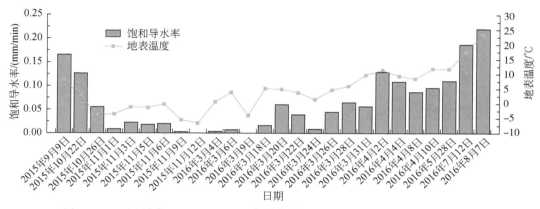

图 5-1　双环入渗仪（20cm/40cm）实测葫芦沟小流域高寒草原地表饱和导水率

由于冻土入渗率远小于融土入渗率，野外实地自然条件下难以完整直接测量土壤冻结状态下的导水率。为分析不同冻结温度下的冻土导水率，利用环刀法在恒温恒湿实验箱内对葫芦沟高寒草原试验点土壤样品开展导水率实验。实验共设计 0℃、–0.1℃、–0.2℃、–0.3℃ 和 –0.4℃ 5 种不同冻结温度，为防止环刀内用于入渗的液态水冻结，使用 1% 或 2% 左右的盐水开展冻土饱和导水实验。结果表明，随着温度的降低，土壤开始冻结，入渗率急剧降低，然后进入半稳定状态，入渗率变化不大，冻结状态下的冻土饱和导水率远小于融土，差距至少一个数量级。但在温度进一步降低时，入渗过程极其缓慢，难以实测，且用于入渗的液态水容易冻结，这导致实验难以有效完成。冻土导水率与冻结温度呈现较好的幂函数关系（图 5-2），可构建经验公式获取低温状态下冻土的导水率。

总的来说，冻土的入渗率远小于融土状态。寒区土壤冻、融状态导水率的巨大差异必将影响寒区降雨和冰雪融水在土壤的入渗过程，以及入渗水在土壤中的迁移过程，进而改变其在土壤中的分布状态和变化过程，影响流域和区域水文过程。

5.1.2　冻土覆盖率对径流稳定性的影响

冻土变化是一个长期的动态过程，难以在短时间内观测其直接变化对流域水文过程的影响。为此，可以通过空间换时间的方法，对比分析不同冻土覆盖率的流域水文过程，分析冻土对流域水文过程的影响。本书选择西北地区不同冻土覆盖率且受人类活动影响较小

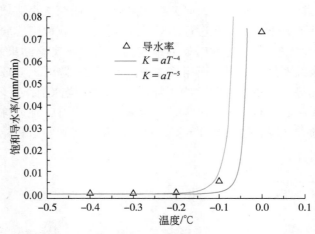

图 5-2　葫芦沟高寒草原试验点土样不同冻结温度下的冻土饱和导水率

的 4 个典型流域：黄河上游（唐乃亥站）、长江源区（沱沱河站）、甘肃河西走廊黑河上游（莺落峡站）、疏勒河上游（昌马堡站）流域作为研究对象，其流域及水文站参数见表 5-1。

表 5-1　研究流域水文站基本信息

河流	水文站	经度	纬度	海拔/m	流域面积/km²	冻土覆盖率/%
黄河	唐乃亥	100.15°E	35.50°N	3 350	121 972	43
长江	沱沱河	92.73°E	34.03°N	4 533	15 924	100
黑河	莺落峡	100.18°E	38.80°N	1 700	10 009	58
疏勒河	昌马堡	96.85°E	39.82°N	2 080	10 961	73

流域多年冻土的分布面积依据程国栋（1984）提出的中国高海拔多年冻土分布的高斯曲线模型计算

$$H = 3650\exp\left[-0.003\left(\varphi - 25.37\right)^2\right] + 1428 \tag{5-1}$$

式中，H 为多年冻土海拔下界（m）；φ 为地理纬度。通过式（5-1）可以确定高海拔山区流域多年冻土分布海拔下限，结合流域海拔分布即可得到流域多年冻土覆盖率。

根据多年平均每月径流占年径流比例，多年冻土覆盖率对径流稳定性有着直接影响（图 5-3）。在选择的 4 个研究流域中，多年冻土覆盖率高的流域夏季径流所占比例较大。覆盖率最大的长江源区，其月均径流 8 月最大，占全年径流的 30.2% 以上；多年冻土覆盖率最小的黄河源区，月最大径流出现在 7 月，占全年径流 17.1%；黑河和疏勒河月最大径流分别占全年径流的 21.3% 和 23.9%。多年冻土覆盖率小的流域，冬季径流比例较大，黄河源区最少径流出现在 2 月，占全年径流的 2.2%；长江源区最小径流出现在 2 月，占年径流的 0.06%。黑河和疏勒河月最少径流分别占全年径流的 2.1% 和 2.8%。

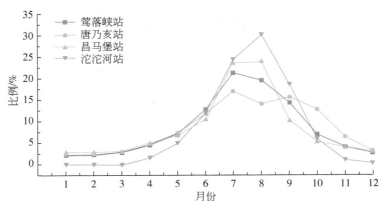

图 5-3　西部寒区流域多年冻土覆盖率与径流年内分配

　　分析以上 4 个流域的月径流最大差值，发现其与多年冻土覆盖率有较好的线性关系，即流域内多年冻土覆盖率越高，其年内月径流差别越大，年内径流分配越不均匀，年内流量线越陡峭；多年冻土覆盖率越低，其年内月均径流差别越小，年内径流分配越均匀，其年内流量线越平滑（图 5-4）。北极地区勒拿河流域的分析也呈现类似现象，流域冻土覆盖率与年内最大最小月径流比率有较好的线性关系，径流比率随流域冻土覆盖率增加而增加（Ye et al.，2009）。在多年冻土覆盖率较大的流域，由于冻土分布广泛，活动层较浅，降水和融水会迅速蓄满活动层，产流迅速且产流较大。而在多年冻土覆盖率较小的流域，可蓄水的土壤层面积和厚度均较大，降水和融水发生时，更多水量进入土壤层，土壤层蓄水作用和蓄水持续时间均较大，产流速度较缓且产流量少。流域多年冻土覆盖率越低，流域径流年内分配越稳定；反之，覆盖率越高，流域径流年内分配越不稳定。总的来说，冻土覆盖率低于 40% 的流域，冻土对径流的年内分配影响较小，而覆盖率高于 60% 的流域，径流的年内分配主要取决于冻土覆盖率（Ye et al.，2009）。

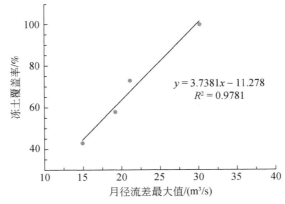

图 5-4　西部寒区流域多年冻土覆盖率与最大月径流差关系

　　中国冰冻圈 33 个流域多年冻土覆盖率与径流的统计结果表明，多年冻土覆盖率低于

40%的流域，冬季径流增加幅度与冻土覆盖率呈反比［图5-5（a）］；当冻土覆盖率大于40%时，冬季径流变化幅度与冻土覆盖率基本无关。在多年冻土覆盖率高于60%时，冬季径流比重基本稳定，而在多年冻土覆盖率相对较小的流域，随冻土覆盖率的增加，冬季径流比重的增幅减小［图5-5（b）］。最大最小月径流量比的变化率与流域多年冻土覆盖率基本呈正比［图5-5（d）］，即随多年冻土覆盖率的减少，流域年内径流过程线越趋于平缓。

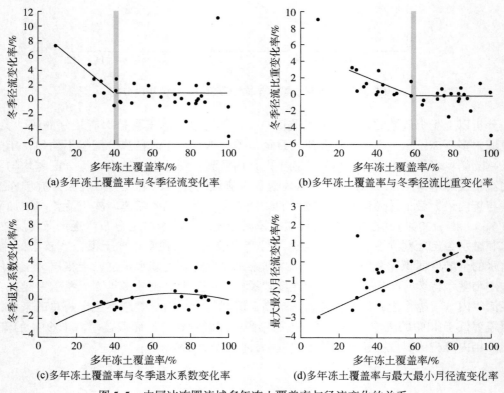

(a)多年冻土覆盖率与冬季径流变化率

(b)多年冻土覆盖率与冬季径流比重变化率

(c)多年冻土覆盖率与冬季退水系数变化率

(d)多年冻土覆盖率与最大最小月径流变化率

图5-5　中国冰冻圈流域多年冻土覆盖率与径流变化的关系

5.1.3　冻土一维水热传输过程

冻土水热耦合与传输过程贯穿于寒区流域的产流、入渗、蒸散发以及汇流过程中，是寒区流域水文过程的核心环节。采用观测与模拟的手段，了解冻土水热耦合与传输过程机理，是研究寒区流域水文过程及流域水量平衡的关键。

（1）试验布设及数据

试验区位于中国科学院西北生态环境资源研究院黑河上游生态–水文试验研究站葫芦沟试验小流域内（图5-6）。葫芦沟小流域属黑河干流上游右岸一级支流，流域面积为23.1km²，海拔为2960～4820m，垂直景观梯度分异明显。流域下垫面由高寒草原、高寒草甸、沼泽草甸、灌丛草甸、河谷灌丛、青海云杉和祁连圆柏林、山坡灌丛、高山寒漠、季节冻土、多年冻土、积雪和冰川等组成，寒区下垫面类型较为齐全，是一个对比研究寒区不同下垫面冻土水文过程的理想区域。根据冻土、植被以及土壤类型，选择流域内以下5 个典型下垫面作为研究对象。

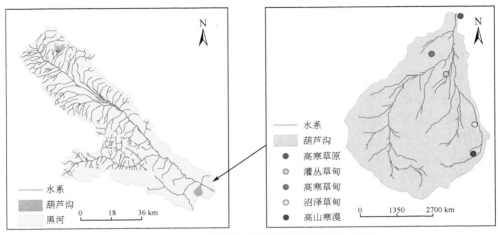

图 5-6　试验点与葫芦沟流域在黑河上游的位置

1）高寒草原/季节冻土试验点位于葫芦沟流域出口右岸附近平坦开阔处，地理坐标为99°52.9′E，38°16.1′N，海拔为2980m，季节冻土区，草层高度为 5 ~ 20cm，盖度接近100%。2009 年 5 月布设自动气象站一套，数据存储频率为 0.5h，观测总辐射、反射辐射、2 层气温、降水、风速、相对湿度等微气象要素，以及地热通量和 7 层土壤水分、7 层地温等。在布设土壤含水量和地温探头时，开挖土壤剖面，分层获取相关土壤基本水热物理参数。同步每天利用两个小型蒸渗仪（lysimeter）人工实测该试验点的蒸散发量。2013 年 9 月，增设 200kg 自记蒸渗仪观测其蒸散发。2014 年、2016 年又分别增设了 3.5m 和 10m 气象梯度塔。

2）灌丛草甸/季节冻土试验点位于葫芦沟东西支交汇处，地理坐标为 99°52.6′E，38°14.9′N，海拔为 3232m，季节冻土区，低矮灌丛伴生草甸，植被平均盖度约为 94%，灌丛高度为10 ~ 20cm，草层高度为 5 ~ 15cm。2011 年 9 月布设 10m 自动气象站一套，自动气象站观测的微气象要素包括降水量及雪深、涡动相关系统、4 层温湿风、四分量太阳辐射和日照、3 层土壤热通量、8 层土壤含水量和 9 层地温。在布设土壤含水量和地温探头时，分层获取相关土壤基本水热参数。2013 年 9 月，增设自记蒸渗仪观测蒸散发量。

3）高寒草甸/季节冻土试验点位于葫芦沟流域左岸阳坡，地理坐标为 99°52.2′E，38°15.3′N，海拔为 3382m，季节冻土区，植被总盖度较高，达 100%，草层高度为 10 ~ 30cm。2008 年 9 月布设自动气象站一套，自动气象站观测的微气象要素包括降水量及雪深、2 层温湿风、四分量太阳辐射和日照、3 层土壤热通量、8 层土壤含水量和 9 层地温。在布设土壤含水量和地温探头时，分层获取相关土壤基本水热参数。2013 年 9 月，增设自记蒸渗仪观测蒸散发量。

4）沼泽草甸/多年冻土试验点位于葫芦沟流域高山寒漠带下缘，植被线下方，地理坐标为99°53.4′E、38°13.9′N，海拔为3711m。试验点为多年冻土区，半沼泽化，冻胀草丘，植被覆盖良好，盖度在95%以上，高度约为10cm，低矮灌木零星分布。布设仪器以及土壤取样同灌丛草甸/季节冻土试验点。2013年9月，增设自记lysimeter观测蒸散发。

5）高山寒漠/多年冻土试验点位于葫芦沟流域植被线上方，距葫芦沟1号冰川末端约200m，地理坐标为99°53.4′E，38°13.3′N，海拔为4166m。多年冻土区，基本无植被覆盖，地势较平坦。该试验点各层土壤多为沙砾石，颗粒及孔隙较大。布设仪器及土壤取样同灌丛草甸/季节冻土试验点。2013年9月，增设自记lysimeter观测蒸散发。

（2）模型模拟

由于液态水在冻土中迁移速率和迁移量均很小，野外实测和室内实验均难以完整反映冻土中的水热传输及其相变过程，模型模拟是再现冻土一维水热过程的有效手段。作为冻土水热耦合物理过程的一个模型，CoupModel模型已在全球不同寒区得到了有效应用（Jansson and Moon，2001）。为此，本书选择CoupModel模型用来模拟冻土的一维水热耦合和传输过程。

利用CoupModel模型本书模拟了5种不同下垫面日尺度的连续水热传输过程，模型输入数据及初始条件如下。

1）气象数据：气温、相对湿度、降水、辐射、风速等。各试验点的气象数据均来源于自动气象站。由于仪器布设时间差异并考虑完整水文年的数据，选择高寒草原试验点模拟时段为2009年10月1日至2014年9月30日，而灌丛草甸试验点时段为2011年10月1日至2014年9月30日，其余3个试验点时段为2008年10月1日至2014年9月30日。

2）植被数据：CoupModel模型所需的植被数据如盖度、高度、根系深度等简单参数通过野外调查获取，部分参数如叶水势、叶面阻抗、叶面开始蒸腾温度等，采用模型推荐值。

3）土壤数据：模型所需浅层基本土壤数据如干密度、饱和密度、孔隙度、比重等通过野外调查获取，深层未获取土壤数据如200cm以下根据经验参数估计。

4）初始条件：模型需要初始条件为各土壤的含水量和温度值，在气象数据驱动下，可连续演算各层土壤在计算日期内的逐日土壤温度。输出数据为多层土壤温湿，冻融深度和蒸散发。

（3）模型验证

图5-7为实测和模型计算的高寒草原试验点多层土壤温度和液态含水量实测和模拟对比图（120cm土壤含水量缺测）。表5-2和表5-3给出了5个试验点多层土壤温湿实测与模拟值对比的效率系数。从图表中可以看出CoupModel模型能有效计算葫芦沟小流域内不同下垫面的多层土壤温湿。其中地温的估算结果好于土壤液态含水量，土壤温度主要受土壤上下层能量传输影响（土壤水分及其相变起次要作用），而土壤含水量除受上下层土壤水势影响外，还受到表层蒸散发和深层渗漏的影响，冻融阶段的相变过程也直接影响土壤含水量的估算。

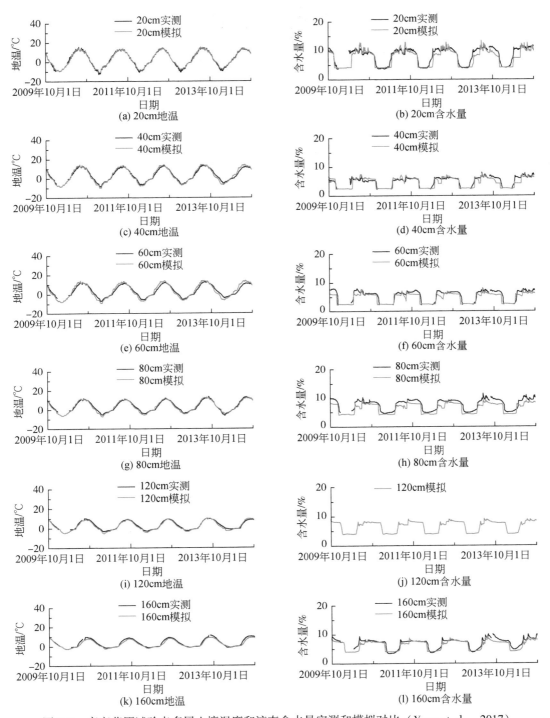

图 5-7　高寒草原试验点多层土壤温度和液态含水量实测和模拟对比（Yang et al.，2017）

表 5-2   实测与模拟不同试验点多层土壤温度的效率系数

试验点	5cm	20cm	40cm	60cm	80cm	100cm	120cm	160cm	180cm	200cm	240cm	300cm
高寒草原	—	0.989	0.967	0.931	0.963	—	0.962	0.963	—			
灌丛草甸	0.975	0.991	0.986	—	0.979		0.946		0.900		0.897	0.895
高寒草甸	—	0.920	0.936	0.941	0.932	0.921	0.892	0.840	—	0.814		
沼泽草甸	—	0.798	0.867	0.900	0.886	0.853	0.785	0.777	—	0.754		
高山寒漠	0.939	0.944	0.938	0.947	0.929	0.923	0.888		0.850			

资料来源：Yang et al.，2017。

表 5-3   实测与模拟不同试验点多层土壤液态含水量的效率系数

试验点	5cm	20cm	40cm	60cm	80cm	100cm	120cm	160cm	180cm
高寒草原	—	0.834	0.519	0.594	0.824	0.801	—	0.820	
灌丛草甸	0.817	0.884	0.753	—	0.851	—	0.793	—	0.611
高寒草甸	0.635	0.517	0.708	0.806	0.815	0.760			
沼泽草甸	0.204	0.352	0.509	0.719	0.804	0.840			
高山寒漠	0.674	0.772	0.807	0.734	0.793	0.745			

资料来源：Yang et al.，2017。

不同下垫面中，高寒草甸试验点估算效果最好，原因在于其土壤均质性较好，各层差异不大，土壤中沙砾石较少，更接近模型所需要的理想状态。高山寒漠试验点多为大孔隙沙砾石层，下渗迅速，不宜估算，但是该地各层土壤质地变化不大且无植被覆盖，简化了模拟，故该试验点的模型估算效果虽然比高寒草甸试验点差，但是总体上要好于其他试验点。高寒草原试验点位于流域出口，黑河一级阶地上，自表层就开始出现沙砾石，并随着深度增加而增多，影响整个土壤参数的设定并导致水热传输过程复杂化，模型计算结果比土壤层均质性较高的高寒草甸和高山寒漠试验点差。灌丛草甸试验点的估算精度介于高寒草原和高寒草甸试验点之间。沼泽化草甸试验点位于高山寒漠下缘，土壤中存在大量砾石，且大小极不均匀，这直接影响模拟计算结果，导致该试验点计算结果相对较差。

高寒草原试验点自 2009 年 6 月起，逐日人工观测冻结深度。除土壤温度和土壤含水量外，补充该试验点的冻结深度来验证 CoupModel 模型的输出结果。图 5-8 为高寒草原试验点实测和模拟的多年冻结深度变化图。从图 5-8 中可以看出，模型输出的冻结深度与实测值对应较好。其余 4 个试验点由于其海拔较高、气候恶劣、交通不便，冻土深度人工观测难以长期开展，缺乏相应的冻结深度资料验证。由于冻融深度与土壤温度紧密相关，结合以上的分析，多层土壤温度模拟值与实测值有较好的一致性（表 5-2），可认为模型能有效模拟冻结深度。

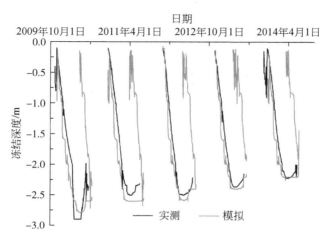

图 5-8　高寒草原试验点实测和模拟的多年冻结深度对比（Yang et al.，2017）

　　蒸散发是寒区水循环重要组成部分，除土壤温湿、冻结深度外，还应用实测蒸散发量资料对模拟结果进行了验证，日模拟蒸散发量与实测值较为吻合（图 5-9）。在月尺度上，模型计算蒸散发与实测值具有更好的一致性（图 5-10）。

　　总之，不同试验点多层土壤温度、土壤含水量、冻结深度以及蒸散发量的模拟和实测对比结果都较好，CoupModel 模型能有效模拟寒区不同下垫面的冻土水热传输过程，模型模拟结果较为可靠。

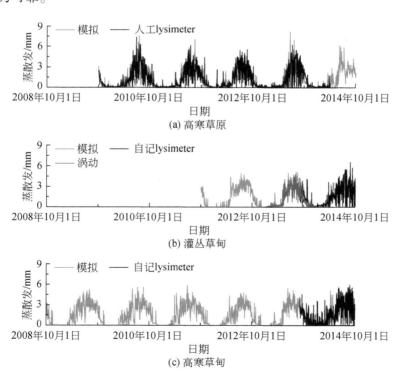

79

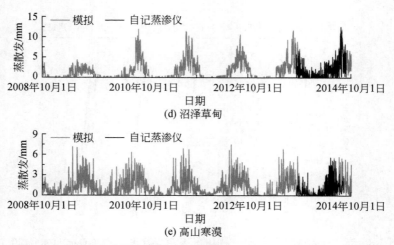

图 5-9 各试验点实测和模拟逐日蒸散发量对比（Yang et al.，2017）

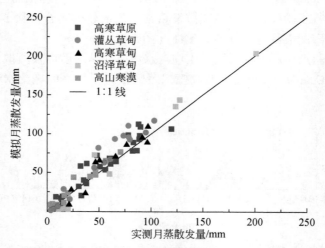

图 5-10 不同试验点实测和模拟蒸散发量月尺度对比（Yang et al.，2017）

（4）水量平衡分析

由于不同实测蒸散发量序列较短，而 CoupModel 模型能有效模拟不同下垫面的水热过程，选择 CoupModel 模型输出结果分析寒区不同下垫面的水量平衡。试验区降水与海拔呈较显著线性关系，2012~2014 水文年的结果显示，高寒草原、灌丛草甸、高寒草甸、沼泽草甸和高山寒漠试验点年均降水分别为 475.9mm、606.5mm、601.0mm、720.5mm 和 843.3mm；而同期蒸散发量分别为 437.1mm、540.8mm、509.7mm、717.1mm 和 452.6mm，蒸散发占降水比例分别为 91.8%、89.2%、84.8%、99.5% 和 53.7%（图 5-11）。高寒草原试验点人工蒸发皿实测数据显示，同期年均水面蒸发量为 1093.2mm。较高的蒸发能力、高覆盖的植被和较低的土壤入渗能力导致蒸散发占降水比例较大。当然，试验点水平也是导致蒸散发量及其比例较大的原因。青藏高原其他地区的研究也有类似结论。例如，Li 等（2013）

在海北站的研究显示，高寒草原和高寒草甸试验点的蒸散发占降水比例分别为 98% 和 104%。

根据水量平衡，若假定多年平均土壤水含量不变，降水除消耗于蒸散发外，其余为产流量。那么葫芦沟流域高山荒漠、沼泽草甸、灌丛草甸、高寒草甸和高寒草原的产流系数分别为 0.463、0.005、0.108、0.152 和 0.082。根据遥感图像，结合野外调查，葫芦沟小流域上述 5 种下垫面占流域面积的 90.7%，而其他流域面积为冰川（5.6%）、青海云杉（0.7%）和河道（3%）。参考相关研究，假定冰川产流系数为 0.85（刘铸和李忠勤，2016）；青海云杉基本产流很少，假定为 0.01（董晓红，2007）；河道为水面，假定产流系数为 1。结合以上各种下垫面的产流系数和分布面积，计算葫芦沟流域各种下垫面径流贡献能力。其中，占流域面积 53.6% 的高山寒漠，因其无植被覆盖、气温较低、地表下渗快，蒸散发量及站降水量的比例较小，导致该区产流较大，贡献了小流域 88.1% 左右的径流，成为流域的主产流区。而面积占比为 37.8% 的植被区，因降水的绝大部分消耗于蒸散发，只有极少量降水产流进入河道，仅贡献 11.8% 的径流（图 5-12）。此处不同下垫面的产流贡献仅以试验点水量平衡结果进行简单推算，下垫面产流能力和径流贡献需要在流域尺度上进行综合模拟分析，该部分内容详见第 8 章。

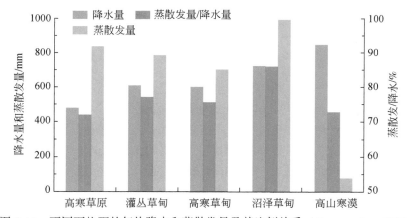

图 5-11 不同下垫面的年均降水和蒸散发量及其比例关系（Yang et al.，2017）

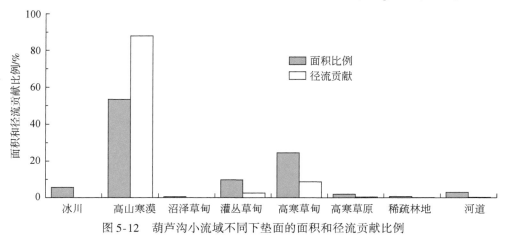

图 5-12 葫芦沟小流域不同下垫面的面积和径流贡献比例

（5）冻土水热传输过程

本书选择葫芦沟高寒草甸/季节冻土试验点距离地表50cm处的CoupModel模型输出的土壤水热传输结果，分析冻土对土壤水热传输的影响。图5-13为模拟时段试验点两个完整水文年的土壤水热传输变化趋势。从图5-13中可以看出，地热通量主要与上下层地温有关。当上层地温高于下层时，土壤热传导自上向下；当下层地温高于上层时，土壤热传导自下而上。雨季的降水下渗和蒸发作用是浅层土壤水运动的主要活动状态，远大于冻融过程对土壤水迁移的影响。

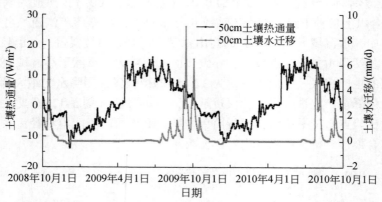

图5-13　高寒草甸试验点50cm处计算土壤热通量及水分迁移日变化（阳勇等，2013）

重点考虑冻融阶段对土壤水热传输的影响，从图5-14可以看出，开始冻结时，土壤水迁移曲线出现一个明显下降并迅速回升的曲线，这说明这个时间土壤水由下层往上运动。温度继续下降，但土壤未完全冻结，固态含水量未达到饱和，而上层土壤已经冻结，不能提供液态水向下输送，在水势梯度作用下，下层的土壤水向上运动，并继续冻结，当完全冻结后，土壤水运动基本停止，界面的土壤水接近零通量状态。土壤消融对土壤水运动方向并没有太大影响，土壤水运动迅速改变并与非冻结土壤一致。图5-14还显示当土壤开始冻结时，土壤热通量有一个急剧下降的曲线，正好对应下层土壤水向上运动的时

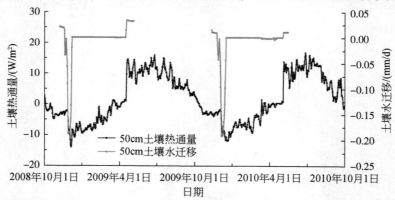

图5-14　高寒草甸试验点50cm处计算冻融过程土壤热通量及水分迁移日变化（阳勇等，2013）

间，这说明这个时期地热通量的急剧增加主要是下层土壤水向上运动带来的热量变化以及相变热量变化；土壤冻结后，土壤热通量与上下层土壤温度相关，热量向上传输；土壤解冻时期，土壤热通量由于上层解冻而急剧变化为向下传输热量，上层土壤水下渗和土壤水相变导致向下的土壤热通量急剧增加。

选择高寒草原、高寒草甸、沼泽草甸和高山寒漠 4 个试验点相同土壤层的水热传输过程，对比分析不同下垫面冻土对水热传输过程影响差异。图 5-15 显示为距离地表 70cm 处不同下垫面的土壤水迁移在 2009 年 10 月 1 日至 2010 年 10 月 1 日期间冻融阶段的变化。从图 5-15 可以看出，各试验点的土壤水迁移差异主要体现在冻结过程中。虽然 4 个点都出现了因冻结过程而使土壤水向上运动的现象，但是土壤水冻结时向上集结的过程因土壤性质和含水量不同呈现差异。试验点土壤含水量情况为沼泽草甸>高寒草甸>灌丛草甸>高寒草原试验点，这说明沼泽草甸试验点冻结过程中土壤水向上运动持续时间最长，且数值最大；高山寒漠试验点因为土壤颗粒较大，成冰作用会使土壤中毛细孔增加，导致在冻结过程中出现多次土壤水向上运动现象。土壤性质和含水量是影响冻结过程中土壤水运动的主要原因，即此时基质势大于重力势对土壤水分运移的影响。

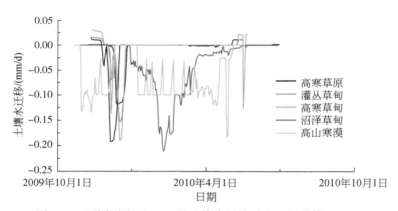

图 5-15 不同下垫面 70cm 处土壤水迁移对比（阳勇等，2013）

5.2 近几十年来冻土退化及其对水文过程的影响

5.2.1 近几十年来的冻土退化概况及祁连山示例

过去 50 多年来，全球气候变暖不断加速，多年冻土区出现了冻土面积缩小、年平均地温升高和活动层加厚等冻土退化现象，全球的多年冻土已发生显著变化（秦大河等，2012）。在高纬度和高海拔多年冻土区，均检测到地温有明显升高趋势，如美国北部、亚洲和欧洲等区域。北半球 230 多个多年冻土活动层厚度观测结果（1990～2013 年）表明，北半球活动层厚度存在显著的空间差异，活动层厚度从连续多年冻土区的几十厘米到不连续多年冻土边缘地带的几米，如北美阿拉斯加活动层厚度平均值仅为45cm，蒙古高原和青藏高原不连续多年冻土区活动层厚度介于2～3m。近20多年来，北半球冻土活动层厚度普遍表现为加厚趋势，但存在显著的区域差异，并且中高山区和高原地区冻土活动层厚度变化范围较大，如阿拉斯加地区活动层厚度年变化率介于−0.67～0.69cm/a（约47%场地的活动层厚度处于显著增加趋势），俄罗斯活动层厚度年变化率介于−0.71～5.9cm/a（超过90%场地的活动层厚度呈增加趋势），青藏高原活动层厚度年变化率介于−7.4～23.77cm/a（90%场地呈显著增加趋势）。北半球多年冻土地温普遍存在上升趋势，但升高速率存在区域差异，如美国阿拉斯加北部部分地区多年冻土温度上升3℃（20世纪80年代初期至21世纪初期），而俄罗斯北方地区的多年冻土温度已升高2℃（1971～2010年）。在我国青藏高原高海拔地区，多年冻土温度也呈明显升高趋势，高温多年冻土温度升高速率约为0.22℃/10a，低温多年冻土升高速率约为1℃/10a。阿拉斯加冻土地温升高速率介于0.1～1.0℃/10a，俄罗斯西伯利亚北部地区为0.1～0.7℃/10a，蒙古地温升高速率为0～0.25℃/10a，我国青藏高原地区地温升高速率为0.1～0.6℃/10a。中国近30年来多年冻土面积减少高达19%（Cheng and Jin，2012）。冻土的广泛退化，改变了寒区流域多年冻土的分布，也影响了寒区流域的径流变化（Cheng and Wu，2007；Wu and Zhang，2008）。

祁连山区位于青藏高原东北边缘，是石羊河、黑河和疏勒河水系的发源地，是河西走廊绿洲的生命之源，同时也是气候变化的敏感地带，且山地冻土广泛发育。以祁连山北坡12个流域为例，分析过去50多年来西部山区流域多年冻土的变化趋势。

（1）年负积温

由于气温与冻土冻融状态密切相关，同时考虑到冻土逐日冻融变化的不稳定波动，本书采取5日滑动平均法来计算日平均气温稳定通过<0℃的年负积温，并将其作为代用指标近似表征冻土变化。

采用线性回归法，分析祁连山区及周边32个气象站点（图5-16）1960～2015年年负积温起始时间及时长变化趋势，结果表明（表5-4）：所有站点均表现出初日推迟、终日提前、持续天数缩短趋势。其中，初日、终日、持续天数分别有10个、19个、28个站点通过了$p<0.01$的极显著性检验；分别有20个、27个、29个站点通过了$p<0.05$的显著性检验；分别有21个、31个、32个站点通过了$p<0.1$的显著性检验。从1960～2015年，平均每10年初日推迟0.1～3.1天，平均推迟1.3天；终日提前0.4～4.9天，平均提前2.4天；持续时间缩短0.6～7.9天，平均缩短3.7天。

基于祁连山区及周边32个气象站点56年气象资料和较高分辨率DEM数据，采用"多元回归+残差插值"方法，运用多种空间插值手段，获取祁连山区年负积温空间栅格化数据，并分别提取12个流域多年栅格尺度年负积温数据，分析其变化趋势，结果表明（图5-17）：所有流域年负积温绝对值均呈明显下降趋势，平均每10年下降82℃，这在一定程度上反映了各流域冻土退化趋势。其中，札马什克站控制流域年负积温下降幅度最大（−93℃/10a），黄羊水库站控制流域年负积温下降幅度最小（−66℃/10a）。

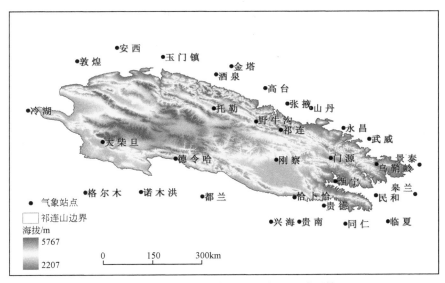

图 5-16　祁连山区及周边气象站点分布（王希强等，2017）

表 5-4　祁连山区年负积温时长变化趋势统计检验

显著性检验	初日	终日	持续时间
$p<0.01$	10（31%）	19（59%）	28（88%）
$p<0.05$	20（63%）	27（84%）	29（91%）
$p<0.1$	21（66%）	31（97%）	32（100%）

注：表中数据表示通过显著性检验的站点数和站次比。

资料来源：王希强等，2017。

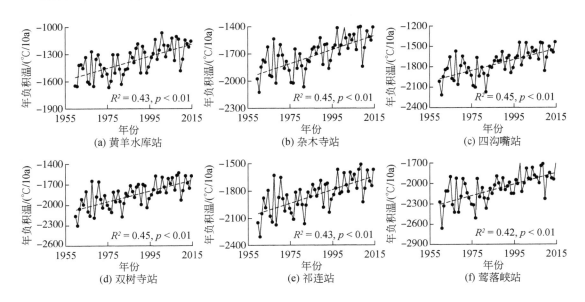

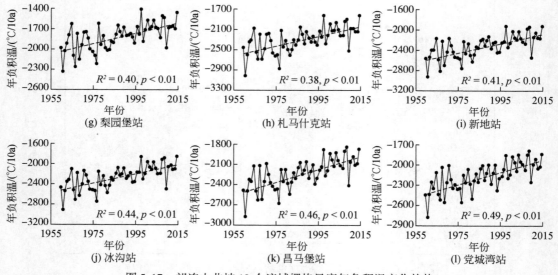

图 5-17　祁连山北坡 12 个流域栅格尺度年负积温变化趋势

（2）多年冻土覆盖率

根据冻土分布高斯曲线模型（程国栋，1984），结合流域海拔分布可得到流域多年冻土覆盖率。因高斯曲线模型中没有考虑气候要素，因此本书参考高程–响应模型（李新和程国栋，1999）分析气候变化对冻土分布的影响。在高程–响应模型中，涉及 3 个关键假设。

1）考虑到全球辐射收支平衡在纬度上的稳定性，认为模拟冻土变化的高斯曲线不随气候的变化而变化。

2）随着温度的升高，垂直地带性按气温垂直递减率上升相应的高度，高海拔多年冻土下界也上升同样的高度。因此，可以在气候情景–气温升高值 ΔT 和多年冻土下界升高值 ΔH 之间建立如下关系

$$\Delta H = \Delta T / \gamma \tag{5-2}$$

式中，γ 为气温垂直递减率数据。

3）因祁连山区冰川面积相对于冻土分布较小，考虑到冰川与多年冻土形成的地形和气候条件接近，故忽略冰川部分，认为多年冻土下界以上部分均为多年冻土区域。

在上述假设基础上，本书利用高程–响应模型，运用较高分辨率的高程数据（SRTM3）、经度数据、纬度数据、年平均气温数据和气温垂直递减率数据，对祁连山北坡 4 个流域近 50 多年的冻土分布情况进行模拟，结果表明 4 个流域多年冻土覆盖率均表现出明显地减小趋势（图 5-18）。高程–响应模型模拟的黑河流域（莺落峡站）近 50 多年的冻土分布情况如图 5-19 所示，该流域 20 世纪 60 年代、70 年代、80 年代、90 年代以及 21 世纪 10 年代和 2010～2015 年的多年冻土分布面积分别为 $0.61 \times 10^4 \, \text{km}^2$、$0.58 \times 10^4 \, \text{km}^2$、$0.57 \times 10^4$ km^2、$0.50 \times 10^4 \, \text{km}^2$、$0.42 \times 10^4 \, \text{km}^2$、$0.43 \times 10^4 \, \text{km}^2$。过去 50 多年，黑河上游流域多年冻土分布面积呈现出明显减少趋势，多年冻土覆盖率从 1960～1969 年的 61% 下降到 2010～

2015 年的 43%，平均变化量约为 -3.3%/10a（图 5-19）。同时，研究发现，从 2000 ~ 2009 年到 2010 ~ 2015 年时间段内，黑河上游流域多年冻土面积有轻微增加趋势，这与全球增温趋势可能处于相对停滞阶段的情况是比较一致的。

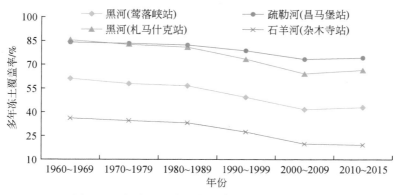

图 5-18 祁连山北坡 4 个流域多年冻土变化趋势

由于高程-响应模型主要从气温角度分析冻土分布变化，未考虑影响冻土发育的降水、地表覆被等因素，因而高程-响应模拟结果并不能完全表征冻土变化的实际情况，但在一定程度上可反映冻土变化的潜在趋势。

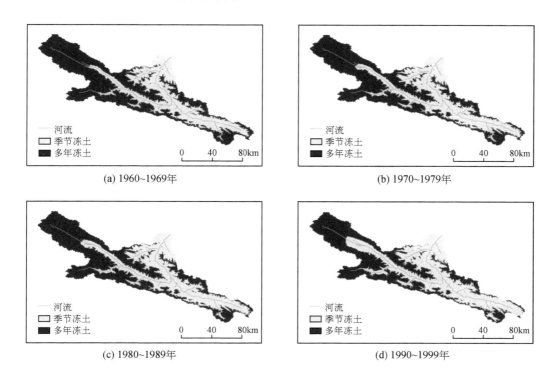

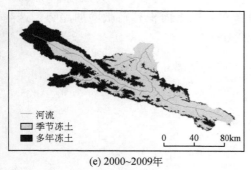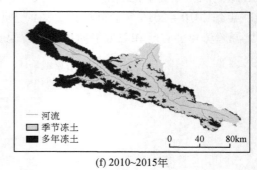

(e) 2000~2009年   (f) 2010~2015年

图 5-19　黑河上游流域（莺落峡站）多年冻土分布变化

5.2.2　冻土退化与径流变化

在寒区流域，冬季降水呈固态，不能直接补给河流，因此冬季径流主要来源于地下水补给。冻土退化，会增加土壤下渗率，导致冻土层的隔水作用减弱甚至消失。冻土夏季消融深度的增加会加大降水对地下水的补给，同时部分地下冰发生融化，融区面积扩大，从而加大对冬季径流的补给，成为冬季径流（基流）的重要水源（Clark et al.，2001）。另外，冻土冬季冻结厚度的减薄，可能减少了土壤水分的冻结，同时扩大了地下水补给通道，在一定程度上也会对冬季径流产生影响（Connon et al.，2014）。全球变暖背景下，多年冻土退化，导致流域地下水水库库容增加，调节能力加强，其结果必然导致冬季径流发生相应变化。环北极地区各大流域，如育空河（Yukon）、马更些河（Mackenzie）、勒拿河（Lena）、叶尼塞河（Yenisei）和鄂毕河（Ob）等流域，均监测到大部分河流冷季径流存在不同程度的增加趋势，同期多年冻土却表现出退化趋势，并推测这一增加过程可能与多年冻土退化有关。

（1）西部寒区冬季径流趋势

在我国西部寒区受人类活动影响较小的典型流域（图5-20），包括长江、黄河、雅鲁藏布江、澜沧江等外流河上游流域，黑河、石羊河、疏勒河等河西内陆河上游以上流域，以及阿尔金山、天山和昆仑山北坡部分河流上游出山口以上流域，大部分河流冬季径流表现出不同程度的增加趋势，但存在明显的空间差异。

阿尔泰山、天山及昆仑山北坡等河流大部分（80%以上）表现出增加趋势，祁连山北坡部分河流（近50%）表现出增加趋势，而在三江源区（长江、黄河、澜沧江源）仅少量河流（近30%）表现出增加趋势。

（2）冻土退化对流域径流影响

一般来讲，在多年冻土覆盖率较大的流域，由于冻土分布广泛、地表冷季冻结、暖季活动层较浅，降水和融水会迅速产生地表径流或蓄满活动层产流，产流过程迅速且产流量较大。由于冻土退化，可蓄水土壤层面积和厚度均增加，降水和融水发生时，更多水分进

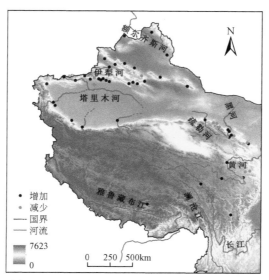

图 5-20 西部寒区典型流域冬季径流变化趋势

入土壤层，土壤层蓄水作用和蓄水持续时间均较大，对后续各月径流，特别是对冬季径流产生更多的影响。雨季降水（7~9 月）与秋冬季各月径流（10 月至次年 2 月）相关性会发生相应变化。本书以祁连山北坡 12 个流域为例，分析流域冻土退化对径流的影响。

已有研究表明（孟秀敬等，2012），河西走廊等区域在 20 世纪 80 年代发生了气温突变。以 1985 年作为气温突变年，本书采用线性回归法，对比分析了不同时段 12 个流域雨季降水与秋冬季各月径流相关性（图 5-21），其中降水数据来源于中国高寒山区月降水数据集（Chen et al.，2015）。通过各流域雨季降水与秋冬季各月径流相关性对比分析，12 个流域可分为三组：第一组包括黄羊水库、杂木寺、四沟嘴、双树寺、祁连、莺落峡、梨园堡、札马什克等水文站控制流域，与 1985 年以前相比，该组各流域雨季降水与秋冬季各月径流相关性均表现为明显增强趋势；第二组包括冰沟和昌马堡等水文站控制流域，与 1985 年以前相比，该组各流域雨季降水与秋冬季各月径流相关性均表现为一定程度减弱趋势；第三组包括新地和党城湾等水文站控制流域，与 1985 年以前相比，该组各流域雨季降水与秋冬季各月径流相关性均未发生明显变化，且均未通过相关性检验（图 5-21）。

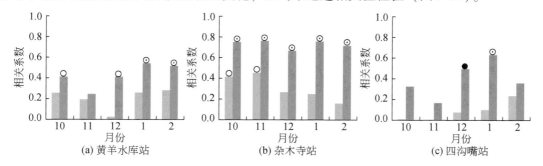

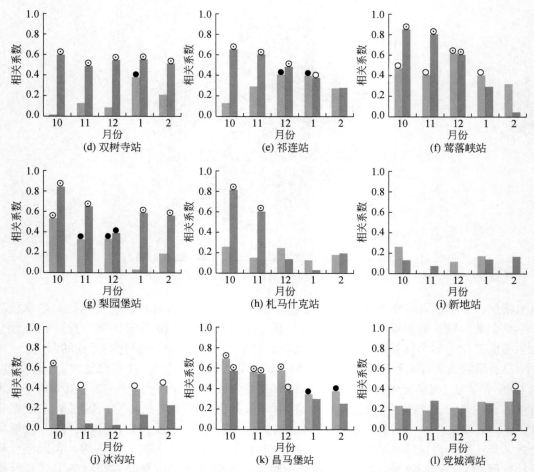

图 5-21 祁连山北坡 12 流域雨季降水 (7~9 月) 与秋冬季各月径流相关性

蓝色柱状图代表 1985 年以前时段；红色柱状图代表 1985 年以后时段。黑点、圆圈、带点圆圈分别表示相关性统计

分别通过了 $p \leqslant 0.1$，$p \leqslant 0.05$，$p \leqslant 0.01$ 的显著性水平检验

　　第一组流域雨季降水与秋冬季各月径流相关性结果表明，主要受降水影响的祁连山北坡、东部的黑河、石羊河流域，特别是石羊河流域，在气温突变前后雨季降水量没有明显变化前提下，雨季降水对秋冬季各月径流影响明显加强，说明区域冻土退化已经导致冻土的隔水作用减弱，进而导致更多的降水在雨季下渗补给地下水，并以基流形式补给后续各月径流，特别是冬季径流。但第二组、第三组结果并未呈现同样趋势，这可能是较高的冰川融水造成的。祁连山北坡各流域发育有大量冰川，自西向东冰川融水对年径流的补给率大致呈减少趋势（沈永平等，2001）。在冰川融水补给率较高的祁连山北坡西部地区（如第二组、第三组流域），较高的冰川融水补给率导致雨季降水对后续各月径流补给贡献相对减弱。这是因为气温突变导致冻土隔水作用进一步减弱，改变了地下水水库储水能力及地下水排水路径，同时冰川融化加速，进而导致更多的冰川融水和雨季降

水混合补给地下水，并以基流形式补给后续各月径流，特别是冬季径流。流域冰川融水对地下水的补给作用高于降水对它的补给，所以 1985 年以后雨季降水对后续各月径流影响相对减弱。

冻土退化，会改变土壤蓄水能力、排水路径等，进而影响产流系数和退水过程，对冬季径流产生相应影响。在冻土退化背景下，祁连山北坡、东部地区雨季液态降水入渗量的变化可能是影响流域河流冬季径流变化的主要原因。在祁连山北坡西部地区，冰川融水和雨季降水等的共同作用，对流域河流冬季径流产生相应影响。通过 12 个流域的对比分析，可以预测，随着冰川的萎缩，雨季降水对后续各月径流，特别是冬季径流的影响会逐步加强。在以上过程中，冻土退化起到增加土壤下渗率、扩大地下水补给通道等关键"纽带"作用。

5.2.3　冻土退化对区域水量平衡的影响

寒区流域水量平衡是降水、冰川融水、地下冰、蒸散发、地表径流、土壤水与地下水交换等的代数和。过去由于缺乏实测数据以及传统测量方法成本太高、手段不足，很难获取高精度的区域水储量变化信息。近年来，GRACE（gravity recovery and climate experiment）重力卫星的发射在一定程度上改进了流域水量平衡的认识程度。GRACE 重力卫星可用于中、大空间尺度陆地水储量变化的监测（Luthcke et al.，2006），这种方法的优点是全球观测分布均匀，并且观测尺度统一。GRACE 重力卫星在极大程度上弥补了光学遥感卫星只能观测地表几厘米乃至十几厘米厚度的土壤湿度、地面观测台站空间分布不均匀等方面的不足，为定量研究区域陆地水储量的变化提供了新的机遇。

天山和祁连山是中国西北干旱区重要的水资源发源地。利用 GRACE 重力卫星数据反演了天山山区 2003～2010 年的平均水储量空间变化［图 5-22（a）］，发现天山水储量变化具有明显的空间差异性，总体表现为东、西部多，中部少的空间分布格局，水储量变化介于 -2239.9～544mm。基于地面气象台站数据计算得到的 2003～2010 年降水量空间变化［图 5-22（b）］与水储量变化具有一定的空间一致性，表明水储量变化增加的区域可能是因为该区域近几年降水增加。但是在局部地区（如昭苏和精和）则表现出相反的趋势，这应该是因为该区域山前地区农业需水较大，灌溉抽取部分地下水，导致水储量变化为亏损状态。此外，在东起吐鲁番，西至阿克苏这段区域内（中部），水储量变化处于较大的亏损状态，一方面是由于该区域降水相对较少，另外一方面是因为在该区域冰川消融补给河流。已有的观测资料表明，天山乌鲁木齐河源 1 号冰川年物质平衡亏损量约为 -720mm。此外山前农业和生活需水量较大，对地下水开采力度较大也是导致其亏损的原因之一。

祁连山山区 2003～2010 年平均水储量变化［图 5-22（c）］也具有明显的空间差异性，总体表现为东少西多，南多北少的空间分布格局，多年平均水储量变化介于 -51.8～242.4mm，在南部山区增加比较明显。祁连山多年平均降水量变化［图 5-22（d）］与水储量变化在空间分布上具有一定的差异性，在局部地区（如山区西南部）表现出相反的趋势。此外，东部水储量变化处于较小值，但是降水较多，这主要因为该区主要分布有城市和农村，农业和生活需水量较大，对地下水开采力度较大所导致。西部山区水储量变化相对较大，主要是因为山区水源涵养林建设，增加了山区蓄水功能。西北部水储量变化较少的主要原因是该区域降水较少。

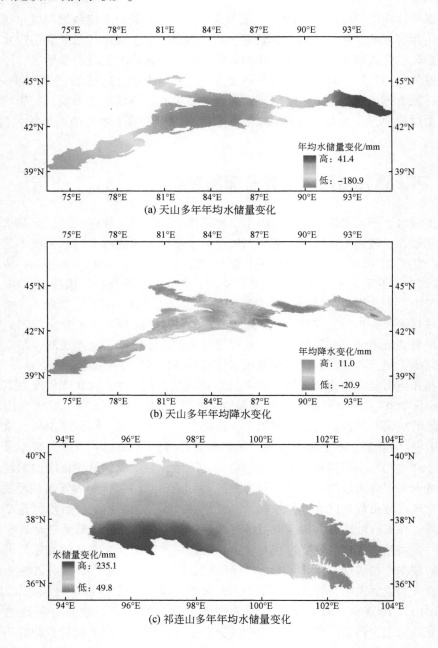

(a) 天山多年年均水储量变化

(b) 天山多年年均降水变化

(c) 祁连山多年年均水储量变化

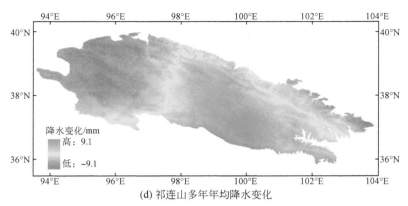

(d) 祁连山多年年均降水变化

图 5-22　天山和祁连山水储量空间变化及降水空间变化

本书根据水量平衡原理估算了 2003～2010 年天山和祁连山出山径流量分别为 $176.7\times10^8\mathrm{m}^3$ 和 $-106.2\times10^8\mathrm{m}^3$，径流深变化率分别为 8.51mm/a 和 -6.70mm/a（表 5-5 和表 5-6）。

表 5-5　天山和祁连山水量平衡变化速率　　　　　　（单位：mm/a）

项目	Δp	ΔE	ΔW（TWSC）	ΔR
天山	-0.1	-2.5（张明军等，2009）	-5.8	+8.5
祁连山	+0.2	-1.7（贾文雄等，2009）	+8.6	-6.7

表 5-6　天山和祁连山水量变化　　　　　　　　　（单位：km³）

项目	Δp	ΔE	ΔW（TWSC）	ΔR
天山	-0.2	-5.4	-12.5	+17.7
祁连山	+0.4	-2.7	+13.6	-10.6

天山山区总面积为 27 万 km²，冰川面积约为 9225km²，占总面积的 3.42%，冻土面积约为 6.3 万 km²，占总面积的 23.33%；祁连山山区面积为 19.8 万 km²，冰川面积约为 1931km²，约占总面积的 0.98%，冻土面积约为 10 万 km²，约占总面积的 50.51%。相关研究表明，天山和祁连山冰川均呈现出退缩趋势，即冰川水储量呈下降趋势。我们利用 GRACE 重力卫星计算了两个山区非冰川区的水储量变化，从图 5-23 看出，2003～2010 年祁连山水储量表现上升趋势，而天山山区水储量呈下降趋势（$p<0.05$）。

从图 5-24 中可以看出，研究期间天山山区和祁连山山区降水变化不大，但是水储量变化较大。天山地区冰川融水对出山径流的比重较大，天山山区非冰川区水储量也呈下降趋势（图 5-24），说明冰川融水流出山区，地表水下渗较少；但是由于祁连山冻土面积分布较广，其对山区水储量有很大影响。在天山山区，冰川大量消融导致近几年出山径流增加，所以该区水储量呈现亏损状态，天山山区冻土分布少，并且由于地处高纬度地区，冻土退化相对于祁连山缓慢，区域冻土退化导致的水分调蓄能力变化较小；祁连山山区位于青藏高原，冻土分布达到 50%，虽然冰川消融使得水储量变化减少，但是其由于地处中纬

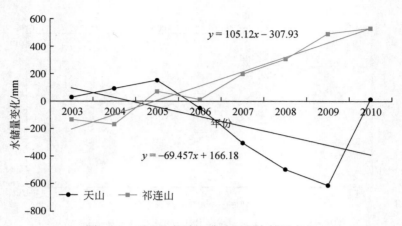

图 5-23　天山和祁连山非冰川区水储量变化

度地区，近几十年的气温升高导致该流域多年冻土退化，随着冻土层的隔水作用减小，活动层加厚，地下水库库容增大，山区内有更多的地表水入渗变成地下水，造成流域地下水水库的储水量增加。近几年的祁连山出山径流观测发现，山区部分河流径流有减少趋势。

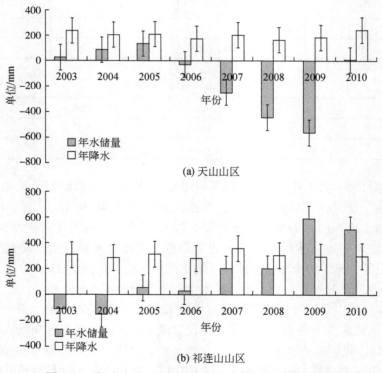

(a) 天山山区

(b) 祁连山山区

图 5-24　祁连山山区和天山山区年水储量变化和年降水

通常情况下，降水变化可能是导致流域储量变化的主要因素，但是，在降水量变化不大的情况下，下垫面的不同可能导致水储量变化不同。另外，从整体上来看，祁连山山区降水要比天山山区降水量大，故祁连山山区水储量变化要大于天山山区。

总体看，祁连山山区水储量的增加主要是由冻土退化导致，而天山山区水储量的减少则主要是由冰川萎缩造成的。

5.3　冻土退化对未来河川径流的可能影响

5.3.1　试验点冻土水热过程升温敏感性模拟

全球变化背景下，高寒山区的温度上升更为显著。为了应对全球变化下的各种环境问题，政府和科研界均提出，到 21 世纪末，需把全球平均温升相对于工业革命前控制在 2℃ 以内（IPCC，2014）。由于 CoupModel 模型能有效模拟寒区不同下垫面的水热过程（详见 5.1.3 小节冻土一维水热传输过程），选择该模型对黑河上游葫芦沟小流域不同下垫面的水量平衡进行温升 2℃ 的敏感性实验。具体方法为模型输入气象数据温度+2℃，而其他参数不变。

模拟结果显示，当气温升高 2℃ 时，高寒草原、灌丛草甸和高寒草甸所在的季节冻土区冻结深度降低。高山寒漠是多年冻土区，其活动层厚度会增加（图 5-25）。目前处于多年冻土下缘的沼泽草甸，温升 2℃ 后，会退化为季节冻土区。从图 5-26 还可以看出，温升 2℃ 敏感性实验初期，沼泽化草甸区冻结深度变化较为不稳定，但经过两个水文年后，模拟冻结深度逐渐降低，第二个水文年最大冻结深度约为 2.6m。

温升 2℃ 的敏感性实验显示，不同试验点的模拟蒸散发均呈现增加趋势。高寒草原、灌丛草甸、高寒草甸、沼泽草甸和高山寒漠试验点研究时段内年均蒸散发分别增加 4.2mm、8.2mm、10.6mm、53.9mm 和 16.8mm，蒸散发占降水比例分别为 92.7%、90.5%、86.6%、107.0% 和 55.7%（图 5-27）。敏感性分析显示，海拔越高的地区，蒸散发变化越大，说明其对气候变化越敏感。

在长时间尺度上，区域水量平衡可认为降水等于蒸散发和径流之和（Senay et al.，2011）。青藏高原降水主要受印度季风、东亚季风和西风带影响，其在高原上的整体变化趋势较复杂，具有较大的时空差异性。随着全球变暖，植被线上移，高山区高寒草原和灌

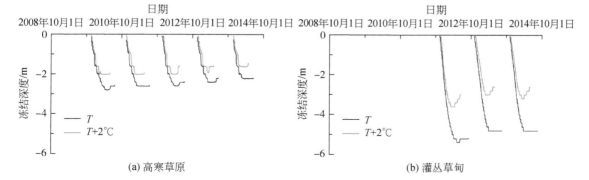

(a) 高寒草原　　　　　　　　　　　　　　　(b) 灌丛草甸

从草甸扩张，而沼泽草甸和高寒草甸退化，这导致降水更多消耗于蒸散下垫面扩张，而更多产流下垫面萎缩，区域的蒸散发占降水比例增加，流域产流系数降低。

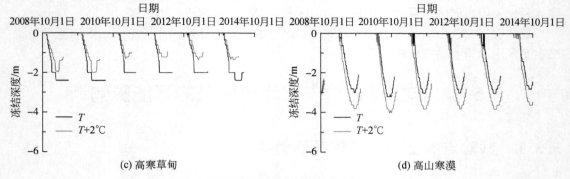

(c) 高寒草甸　　　　　　　　　　　　(d) 高山寒漠

图 5-25　不同试验点温升 2℃后冻结深度和活动层变化

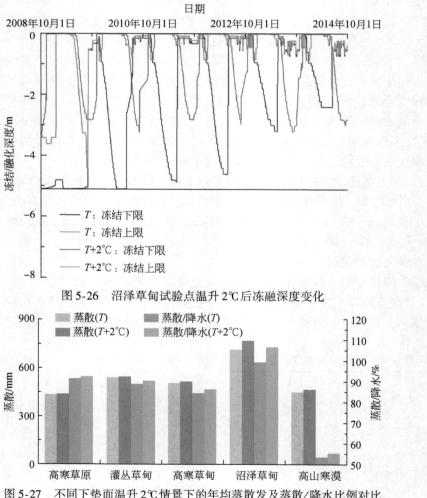

图 5-26　沼泽草甸试验点温升 2℃后冻融深度变化

图 5-27　不同下垫面温升 2℃情景下的年均蒸散发及蒸散/降水比例对比

以上温升敏感性数值实验的缺陷在于在现有实测气象资料基础上直接累加 2℃，而没有考虑其他要素的变化，比如降水量的变化、潜在蒸散发量的变化等，这与实际气候变化情景有较大差异。该敏感性实验主要说明气温升高对冻土水文过程以及寒区流域水量平衡影响的敏感情况。

5.3.2 流域尺度冻土退化对径流影响的敏感性试验

黑河作为中国第二大内陆河，发源于祁连山北坡，多年冻土及季节冻土发育，山地多年冻土下界在海拔 3650～3700m 处。研究表明，黑河上游多年冻土带是该流域的主要产流区，产流量占出山口径流量的 80% 以上。全球变暖背景下，气温和地温逐渐上升，流域内气象站观测的季节冻土最大冻结深度在 1994～2009 年减少了 27cm（金铭等，2011）。

利用冰冻圈全要素流域水文模型（cryospheric basin hydrological model，CBHM）对黑河上游 1960～2013 年的月径流数据进行模拟（模型介绍见第 7 章），径流模拟的效率系数为 0.95，流域内多点实测蒸散发、地温和土壤含水量的验证结果都较好。模拟过程做了一个有无冻土的敏感性实验，即将多年冻土全部按照季节冻土处理，以此对比流域水文过程及河川径流的差异，据此探讨多年冻土在流域水文过程中的作用。敏感性分析显示在无冻土情况下，流域径流会在前几十年增加，但是后几十年径流会出现小于多年冻土存在的情况（图 5-28）。由于同期降水呈增加趋势，说明多年冻土退化在短期内会增加产流量，但是长期尺度上会减小产流量。年尺度上，无多年冻土的模拟显示在丰水年会减小径流，而在枯水年会增加径流（图 5-29）。这说明多年冻土在底部起隔水板作用，地表水难以下渗，导致多年冻土存在的地区产流较多。冻土退化则会增加土壤下渗，加大地下水储量，减缓径流退水过程。在月尺度上，敏感性分析显示无多年冻土时流域径流会在上半年增加，下半年减少（图 5-30）。说明存在多年冻土时，上半年的部分降水和积雪融水将以冻结的形式储存在土壤中，径流较小；下半年冻土融化时，土壤中的融化水补充径流，导致下半年径流大于无多年冻土时的模拟径流。

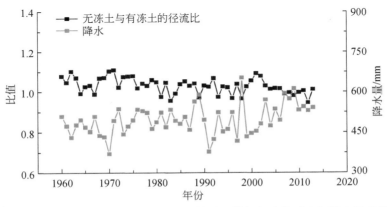

图 5-28　CBHM 模型在有无多年冻土情景下模拟径流值对比与降水量变化

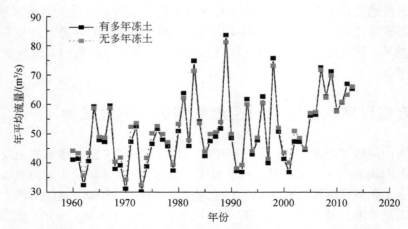

图 5-29 CBHM 模型在有无多年冻土情景下模拟的年平均流量变化

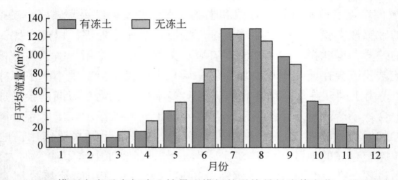

图 5-30 CBHM 模型在有无多年冻土情景下模拟的平均月径流值变化（1960～2013 年）

这种敏感性实验最大的缺陷在于，即使将多年冻土转变为季节冻土，但气象要素仍没有改变，低温环境还是会导致土壤水热参数的变化，导致与实际情况不符。

利用 CBHM 模型预估未来三种排放情景下（RCP2.6、RCP4.5 和 RCP8.5）黑河流域多年冻土和径流变化，结果表明三种情景下，流域多年冻土面积均呈现显著的减少趋势（图 5-31）。相对于对照期（1960～2013 年），三种情景下，黑河流域在 2100 年多年冻土面积分别减少了 7.9%、13.9% 和 25.0%。三种情景预估的流域总径流量差异不是很大（图 5-32），这主要是由于流域冰川覆盖率和径流比例小，在三种水汽来源（西风、东南季风和高原季风）综合作用区，以上情景下的流域降水差异也不大。但从图 5-32 可以看出，三种气候变化情景下，年平均流量的年际波动存在较大的差别。这种变化是否有多年冻土退化的贡献，尚需进一步研究。

总之，冻土在中国西部广泛分布，在寒区流域形成了时空不同的水热耦合过程和隔水效应，改变了流域水文过程。多年冻土覆盖率直接影响流域的径流年内分配，覆盖率越低，流域径流年内分配差异越小；反之，覆盖率越高，流域径流年内分配差异越大。冻土退化已导致包含中国西部在内的全球多年冻土均出现了显著退化并引起了径流年内和年际分配的变化，统计分析表明冻土退化与西部流域冬季径流关系显著。全球变暖导致植被线上移，引起高寒山区高寒草原和灌丛草甸扩张，而沼泽草甸和高寒草甸退化，导致降水更多消耗于下垫面扩张引起的蒸散发量增加，而更多产流下垫面萎缩，区域的蒸散发量占降水量的比例增加，可能导致流域产流系数降低。不同未来情境下的黑河径流预估显示，多年冻土会进一步退化，冻土退化对径流变化的影响尚需深入定量评估。

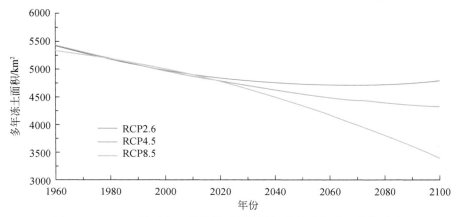

图 5-31   CBHM 模型在三种情景下预估黑河流域多年冻土变化对比

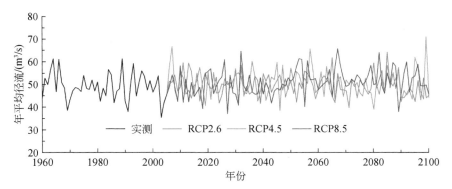

图 5-32   在三种气候变化情景下黑河流域径流的可能变化

第6章 积雪水文过程及融水径流变化

积雪是冰冻圈的重要组成部分，雪冰覆盖的大河源头地区积雪水资源对气候变暖的响应对全球环境和径流产生举足轻重的影响（丁永建和秦大河，2009），这对依靠冰川积雪消融生活且超过全球 1/6 的人口也产生深远影响（Barnett et al.，2005）。在中国西部寒区流域，冬季降雪量一般较少，积雪主要发生在春、秋两季；而在高山区，几乎只有 7 月不发生降雪，但夏季积雪时间短。因此，积雪融水在寒区流域占有较大的比重。近几十年以来，由于气温升高，雨雪比例发生改变，降雪量减少、积雪期变短以及积雪消融提前，这导致春季融水洪峰提前，洪峰呈总体减小趋势，由此改变了流域年内径流分配，甚至会导致流域总径流量减少。但这种普遍性的定性认识，主要来自于某些流域的研究结果。中国西部寒区以高海拔为特色，积雪变化与全球其他地区并不同步，受地形复杂及其引起的局地气候的影响，积雪及其融水径流的变化具有更强的空间异质性。目前，还缺乏对中国整个西部寒区流域积雪融水变化的宏观、清晰认识。本章主要探讨中国西部寒区流域过去和未来融雪径流的变化及其影响因素。

6.1 积雪水文过程

在流域尺度，从降雪开始，经历漫长的冬季积雪储存期，至春季积雪消融，最后经过坡面汇流和下渗过程，积雪融水最终到达河道。简单来说，积雪水文过程按发生的先后顺序可以分解为积雪累积过程、积雪消融过程，以及消融后下渗、产流和汇流过程。流域尺度的积雪累积过程又涉及积雪再分布（风吹雪、雪崩、蠕动）。积雪的能量平衡和水量平衡需要了解雪层内部的变化，其中涉及密实化过程、变质过程、雪层热传导、积雪含水量、雪层冷储能等。其中，反照率是积雪能量平衡过程中需要重点获取的关键参数，而水量平衡则需要考虑升华、下渗、融水在雪层内部的迁移等过程。流域积雪水量平衡是理解积雪水文过程的理论基础，流域积雪水平衡方程也是常见积雪水文模型的基本方程。对于一个完整、封闭的积雪流域而言，积雪的水平衡方程如下

$$P = \Delta SWE + Q_m + Q_s \tag{6-1}$$

式中，P 为降雪量（mm）；ΔSWE、Q_m、Q_s 分别为雪水当量变化量（mm）、积雪融化量（mm）和积雪升华量（mm）。其中，降水和残余积雪量可通过野外观测获得，积雪融化量可通过度日因子和能量平衡算法进行估算。以下将简略介绍积雪水文的各分支过程。

6.1.1　积雪累积过程

进入冷季，由于气温较低，太阳辐射较弱，降雪消融很弱或消融后又发生再冻结，地表积雪不断累积增加，其过程可以描述为

$$\Delta \mathrm{SWE} = Q_\mathrm{c} + Q_\mathrm{a} + Q_\mathrm{s} \tag{6-2}$$

式中，$\Delta \mathrm{SWE}$ 为雪水当量的变化量（mm）；Q_c、Q_a、Q_s 分别为积雪的净积累量（mm）、净消融量（mm）和积雪升华量（mm）。由于积雪在积累期消融很弱或消融后发生了再冻结，所以 Q_a 为 0，故其过程可以简述为

$$\Delta \mathrm{SWE} = Q_\mathrm{c} + Q_\mathrm{s} \tag{6-3}$$

6.1.2　积雪再分布过程

山区积雪空间分布存在很大的差异性，造成产生该差异性的因素包括：降雪的差异性、雪崩、风吹雪、重力作用造成的积雪蠕动。其中，再分布过程主要包括雪崩和风吹雪。以往的研究表明，风吹雪是造成积雪再分布的主要因素。风吹雪伴随着降雪开始直到雪后一段时间雪层表面固结成壳为止，或者是在消融期积雪颗粒之间含水量大大增加导致其内部结构具有一定的稳定性。风吹雪运动的基本过程按雪颗粒离开地面的程度分为蠕移、跃移及悬移运动。由于不同运动类型对雪颗粒迁移的贡献大小有所不同，蠕移并不是主要的传输方式，在研究时可以近似忽略不计，一般仅模拟跃移及悬移运动。跃移层雪颗粒尺寸和质量相对较大，颗粒之间的相互撞击和风的作用力是其运动的主因，湍流对其的影响较小；相比之下，悬移层雪颗粒尺寸和质量相对较小，湍流运动成为其运动的主因。由于风吹雪可导致冬季积雪累积过程中升华量急剧增加，所以风吹雪是冬季积雪水文过程中不可忽视的重要组成部分。降雪、积雪的空间再分布，形成了流域尺度积雪融水量的空间分布格局。

6.1.3　积雪消融过程

积雪消融过程是 Q_a 逐渐增加的过程，其大小主要取决于积雪层能量输入的大小，影响因素包括气温、太阳辐射、雪表反照率等。其计算可以利用简单的度日因子方法

$$Q_\mathrm{a} = \mathrm{DDF} \times (T_\mathrm{air} - \mathrm{TT}) \tag{6-4}$$

式中，Q_a 为某一时段积雪的消融水当量（mm）；DDF 为度日因子 [mm/（℃·d）]；T_air 为气温（℃）；TT 为融雪的临界温度（℃），在小时或较短时间尺度上一般取 0℃，在日、月等较长时间尺度上，这个临界阈值一般要高，这取决于研究区当地的气温波动及气候状况，取值一般介于 1～3℃。此外，还可以选择能量平衡模型模拟积雪消融过程。该过程将雪层内部含水量的变化表现为物质平衡项之间的转化，但其推动因素则是外部和内部能量平衡的结果。积雪消融能量平衡公式如下

$$Q_a = Q^* + Q_H + Q_E + Q_P + Q_G \qquad\qquad (6\text{-}5)$$

式中，Q_a 为雪层的总能量输入（W/m^2）；Q^* 为净辐射（W/m^2）；Q_H 为感热通量（W/m^2）；Q_E 为潜热通量（W/m^2）；Q_P 为降水带来的能量（W/m^2）；Q_G 为与地面交换的地热通量（W/m^2）。由于草地、森林、灌丛等地表类型的差异，其积雪消融的计算会有较大差异，特别是能量分配会有很大差异。

6.1.4　融雪下渗、产流和汇流过程

积雪融水到达地表以后，可以通过以下四种汇流方式进入河道：直接产流、坡面产流、壤中流、深层地下水。

（1）直接产流

直接产流的方式是指降水（包括固态降水、液态降水和固态-液态混合类型的降水形式）直接降落于河道内流动的水中，是形成径流的最直接、最有效、最快速的方式。但是，这种产汇流方式也有一定的条件限制：首先，降水必须降落在流动的水中；其次，河道未完全封冻。总体上，由于河道特别是水面占整个流域的面积基本上可以忽略不计，因此很少考虑直接产流过程。

（2）坡面产流

坡面产流是指雨水或者积雪融水接触地面以后，在地表直接形成径流的产汇流形式。当雨水或者积雪融水接触地面以后，主要有两种运动形式：一是通过下渗形成壤中流；二是当到达地表的雨水或者积雪融水超过表层土壤的下渗能力，或者表层土壤处于饱和状态时，直接形成坡面径流。和降雨-产流过程不同，在融雪过程中，积雪下覆的土壤层一般处于冻结状态（仅有表层一层薄薄的土壤层因积雪融水的能量输入而处于融化状态），在通常的水文过程研究中，因为冻土相对较低的渗透系数，积雪融水很难通过下渗补给地下水，大量的积雪融水（或雨水）直接通过坡面汇流的方式到达河床。

（3）壤中流

壤中流是指雨水或者积雪融水到达地面以后，通过下渗作用进入表层土壤，迅速汇流并贡献河川径流的产汇流方式。一般情况下，和深层土壤的物理结构相比，相对松散的表层土壤的下渗能力大于深层土壤，因此，壤中流的产汇流方式总是存在的。特别是在融雪水充足的情况下，当深层土壤处于冻结状态时，下渗的水分能够通过表层土壤中的水流通道快速到达河床，进而形成径流过程。

（4）深层地下水

和壤中流不同，地下水是在重力和外界压力的作用下通过岩石空隙补给河水的，其计算的理论基础是达西定理。积雪融水通过一定的通道补给到深层地下含水层中，最终汇集到河道。这种方式时间较为漫长。

6.2 积雪水文功能

1）积雪水源效应：积雪是重要的固态水资源库，积雪融水是形成冰川的最重要物质来源，积雪融水也是河川、湖泊的重要淡水补给来源。在我国西北寒区，由于特殊的地理位置，在夏季，季风带来的大量水汽翻越青藏高原后形成的有效降水较为稀少；在冬季，由于气候寒冷，在盛行西风的作用下，降水往往以积雪的形式出现并以固态的形式储存至次年消融季；在两种气候系统的共同作用下，秋季和春季的降水所占全年降水的比例相对较小，但降雪比重较大。因此，春季积雪融水提供的大量淡水资源为我国广大北方地区，特别是西北地区春季的农牧业生产活动提供了宝贵的水源。

2）积雪调丰补枯效应：积雪的消融过程主要受控于能量输入，积雪产流量的大小和时空差异性主要由前期积雪积累量和能量输入的时空差异决定，影响融雪径流的洪峰量的最主要因素是积雪量与融雪的热量。在枯水年，山区少雨、气温较高，降雨径流减少。而冬季累积积雪在这种气候条件下受到高温影响提前加速消融，增加了春季径流量，弥补了由于降雨减少导致径流减少的幅度。而在降雨较多的年份，气温相对较低，积雪消融推迟，秋冬季积雪量较多，累积到翌年春季消融。如翌年为枯水年，则具有重要的补枯作用，从而实现对径流和水资源的调节作用。

3）积雪保温作用对冬季基流影响：在积雪较为丰富的地区，丰沛的冬季积雪对土壤起到了保温作用，延缓了土壤的冻结，使土壤释水能力受到冻结的影响相对较小，这导致冬季基流较高。而冬季积雪较少时，土壤冻结较快，土壤释水能力减弱，冬季基流则相对较低。

6.3 过去 50 年积雪要素与径流的关系

在中国西北内陆干旱区，水资源是社会经济发展的关键因素，而干旱区水资源主要来源于周围山地，山区径流变化将直接影响其社会经济活动。近 50 年来中国北部的河流如黄河等径流表现为减少趋势，而长江上游径流则为增加趋势，西北地区河流径流主要表现为增加趋势。这主要与西北大部分地区气候环境从暖干向暖湿转型有关（施雅风等，2003）。其中，降水是影响西北地区河川径流的主要因素（叶柏生等，2006），对于发源于高寒区域的河流，积雪和冰川融水是重要的补给源和径流调节器。在全球变暖的背景下，融雪径流提前，降雪向降雨转化，从而减少冬季积累，进而可能导致春季融雪径流减少。同时，降雪向降雨转化可能导致流域径流系数减小，进而导致蒸发增加，径流整体减少（Berghuijs et al.，2014）。

不同区域、不同流域，积雪的多寡对径流的影响不同。本章选择黑河、疏勒河、长江源以及黄河源 4 个流域（图6-1），利用人工观测和卫星遥感获取的积雪信息，并结合同期的径流数据，对比分析不同流域积雪对径流特别是对消融季节径流的影响。

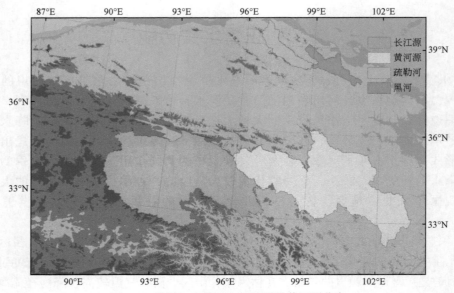

图 6-1　黑河、疏勒河、长江源及黄河源分布

在流域或区域尺度上很难准确获取高精度的雪水当量、积雪厚度等信息。因此，本章选取流域内积雪日数作为流域内积雪量的代用指标；选取了 AMSR-E、SMMR 及 SSMI 微波积雪厚度作为流域积雪的代用指标。自 2001 年以来，MODIS 提供了很好的积雪面积和分布信息，本章利用 MODIS 数据制作了逐月累计积雪面积作为逐月积雪的代用指标，分析与流域径流的关系。

6.3.1　积雪日数与径流

（1）黑河流域

黑河流域积雪日数观测站点较多，由于野牛沟站海拔较高，代表性相对其他低海拔站点较好，所以选取该站实测资料分析积雪日数与径流的关系。积雪日数分别以 9~11 月、12 月至次年 2 月及 3~5 月作为秋、冬、春 3 个季节起止时间。分析春季 3~6 月径流的关系。选择时段为 1959~2006 年。

分析结果表明，秋季积雪日数与次年春季 4 月、5 月的径流相关性较高，相关系数分别为 0.33 和 0.34 ［图 6-2（a）、图 6-2（b）］；冬季积雪日数与次年 3~6 月的径流相关性较低，而春季积雪日数与 5 月和 6 月径流系数最高，相关系数分别为 0.4 和 0.38 ［图 6-2（c）、图 6-2（d）］。分析表明，黑河流域降雪主要集中在秋季和春季，冬季降雪量较少，积雪日数较低，所以与春季径流关系较差。

图 6-3 给出了黑河上游秋、冬、春 3 个季节累计积雪日数与 3~6 月的径流散点分布，可以看出积雪日数与径流存在明显的正相关关系。因积雪日数表征了积雪的多寡，其正向相关表明积雪对 3~6 月径流的贡献，积雪的多寡影响春季径流的多少。

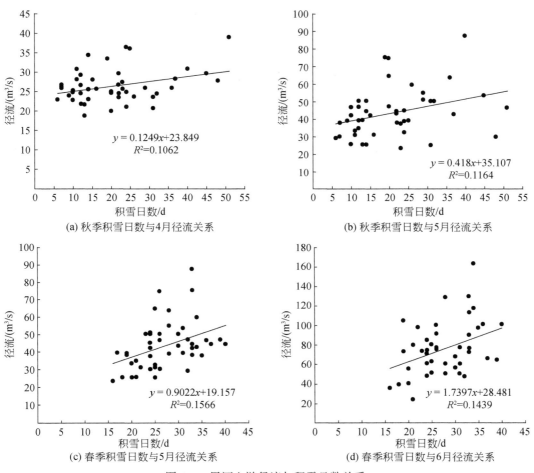

(a) 秋季积雪日数与4月径流关系

(b) 秋季积雪日数与5月径流关系

(c) 春季积雪日数与5月径流关系

(d) 春季积雪日数与6月径流关系

图 6-2 黑河上游径流与积雪日数关系

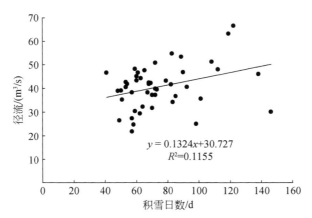

图 6-3 黑河上游 3~6 月径流与秋、冬、春累计积雪日数关系

（2）疏勒河流域

由于以昌马堡水文站控制的疏勒河上游没有国家基本/基准气象站，因此选择最近的托勒站观测资料与其径流进行分析。分析方法与黑河流域相似。

分析结果表明，疏勒河上游秋、冬、春3个季节积雪日数无论是与月尺度的径流还是3~6月的径流都没有明显的相关关系（图6-4）。分析原因，首先是选择站点不在其流域内，将托勒站积雪日数作为表征疏勒河流域的积雪量变化有较大出入。其次是疏勒河流域位于黑河流域北部，其冬季积雪积累量相对稀少，造成融雪径流对春季径流贡献相对较小，所以两者的统计关系较差。

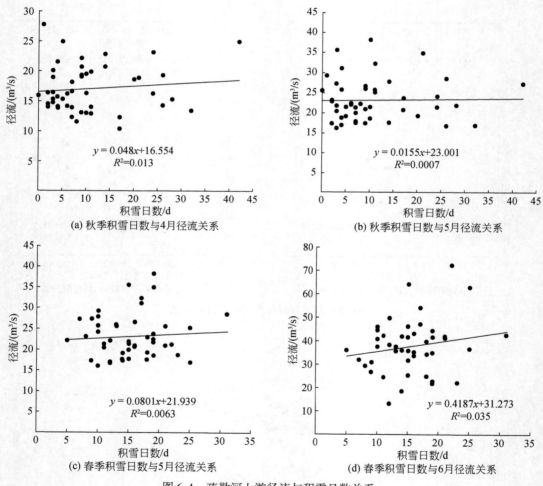

图6-4　疏勒河上游径流与积雪日数关系

（3）长江源

选择以直门达水文站控制的长江上游地区，分析伍道梁站积雪日数与其径流的关系。研究结果表明：月尺度上，5月径流与秋、冬、春3个季节的积雪日数相关性最好，相关系数在 0.35~0.54，春季其他月径流与积雪日数关系一般（图 6-5）。季尺度上，春季积雪日数与春季径流相关性最好，冬季其次，秋季相对较差。这与研究区纬度偏低，秋季积雪受升华、消融等因素影响使其积累量较小，而冬季降雪稀少有关。春季降雪量较大，相对秋、冬两季其对径流的贡献和影响更大。

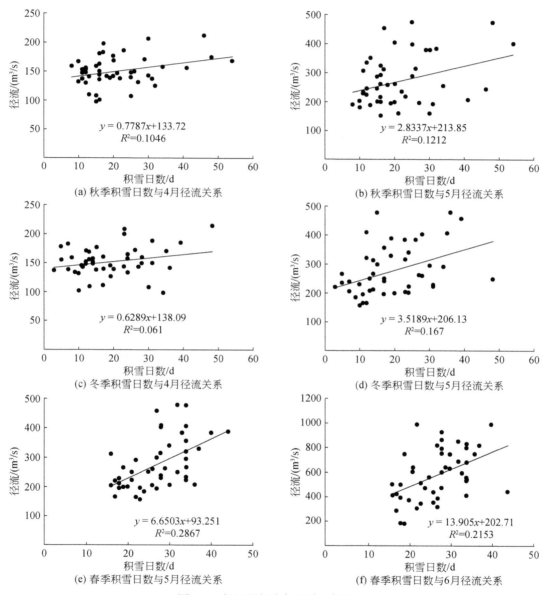

图 6-5　长江源径流与积雪日数关系

　　分析长江源整个秋、冬、春 3 个季节累计积雪日数与 3~5 月径流关系，结果表明两者相关性可以达到 0.56，积雪对长江源的春季径流影响明显（图 6-6）。

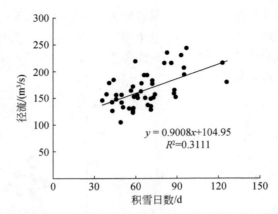

图6-6 长江源3~5月径流与秋、冬、春累计积雪日数关系

（4）黄河源

选取唐乃亥水文站控制的黄河上游流域，利用同德气象站观测的积雪日数分析积雪与径流的关系。研究表明：秋、冬两季积雪日数与径流关系不明显，春季积雪日数与5月、6月径流存在明显的正相关关系，相关系数分别为0.49和0.46（图6-7）。这表明春季积雪对春季径流影响较大，而秋、冬季节积雪量较少，对径流影响较弱。分析秋、冬、春3个季节积雪日数与径流的关系，相关系数为0.3，表明积雪对径流有一定的影响。

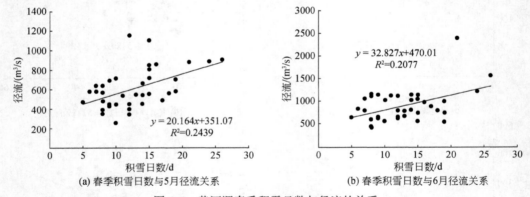

(a) 春季积雪日数与5月径流关系   (b) 春季积雪日数与6月径流关系

图6-7 黄河源春季积雪日数与径流的关系

总之，从单站点积雪日数与径流的对比分析可以看出，4个流域春季径流与积雪日数统计关系一般，其中5~6月径流与积雪日数相对较好。而长江源、黄河源径流与积雪日数的统计关系略好于黑河和疏勒河。其中，疏勒河积雪日数与径流的统计关系最差。这可能说明疏勒河积雪对径流的影响较弱。

6.3.2 积雪厚度与径流

利用黑河流域、疏勒河流域、长江源以及黄河源1978~2010年的微波遥感数据，分析流域逐日累积积雪厚度与春季径流之间的关系，探讨积雪厚度对4个流域春季径流的影响。其中，累计积雪厚度为流域内所有数据格点上的累计积雪厚度的均值。

（1）黑河流域

分析结果表明，黑河流域秋、冬、春季全流域累计积雪厚度与春季径流存在明显的正相关关系，特别是与 5 月的径流相关系数达到 0.51 以上（图6-8）。其中，春季累计积雪

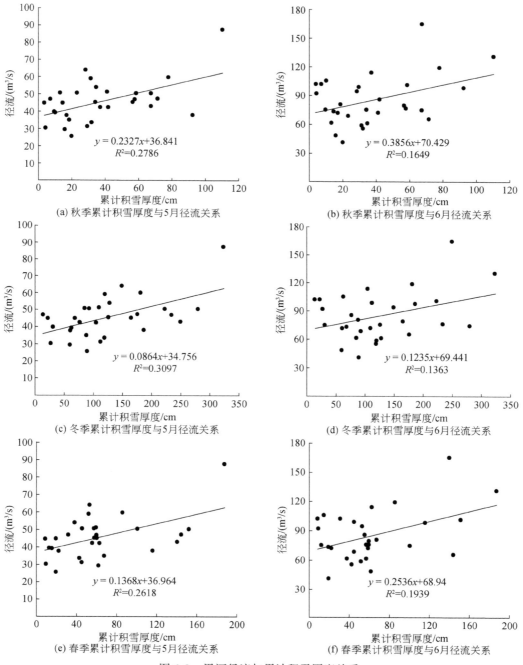

图 6-8　黑河径流与累计积雪厚度关系

厚度与春季径流相关系数达到 0.57。这表明秋、冬、春季积雪对春季径流影响明显，特别是春季积雪的多寡直接影响径流的丰沛与否。而秋、冬、春三季累计积雪厚度与 3 ~ 6 月径流也有很好的正相关关系（图 6-9）。对比利用单点积雪日数作为积雪指标的结果，累计积雪厚度的代表性更好。

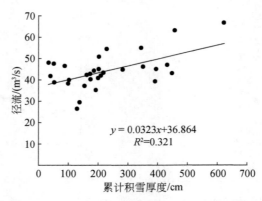

图 6-9　秋冬春累计积雪厚度与 3 ~ 6 月春季径流关系

（2）疏勒河流域

疏勒河流域秋、冬、春 3 个季节累计积雪厚度与 5 月径流相关系数较高，分别为 0.34、0.42 和 0.42 ［图 6-10（a）、图 6-10（b）、图 6-10（c）］。在其他月份两者关系不明显。3 个季节累计积雪厚度与春季径流相关系数可以达到 0.44 ［图 6-10（d）］。这表明积雪对春季径流有一定的影响，特别是对 5 月的径流影响最大。对比利用单站积雪日数作为指标分析与径流的关系结果，显然微波积雪厚度作为指标相比积雪日数更好。

（3）长江源

统计分析表明，秋、冬、春 3 个季节累计积雪厚度与春季径流相关性较高，其中，累计积累厚度与 5 月径流系数最高，相关系数分别为 0.53、0.54 和 0.73（图 6-11）。其中，

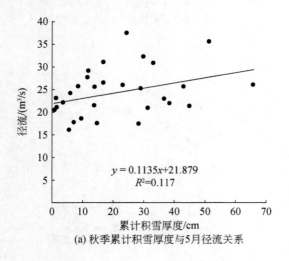

(a) 秋季累计积雪厚度与5月径流关系

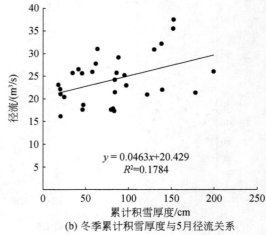

(b) 冬季累计积雪厚度与5月径流关系

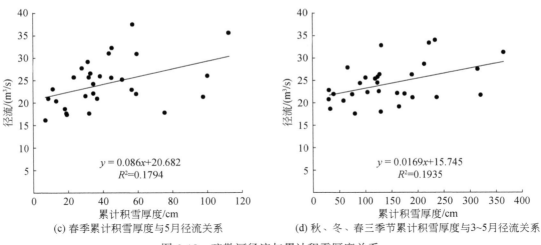

(c) 春季累计积雪厚度与5月径流关系　　　(d) 秋、冬、春三季节累计积雪厚度与3~5月径流关系

图 6-10　疏勒河径流与累计积雪厚度关系

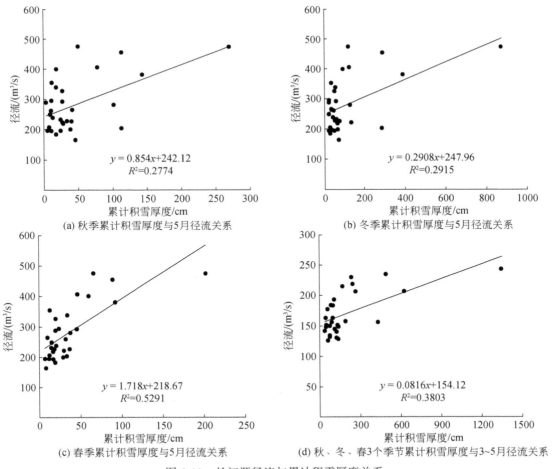

(a) 秋季累计积雪厚度与5月径流关系　　　(b) 冬季累计积雪厚度与5月径流关系

(c) 春季累计积雪厚度与5月径流关系　　　(d) 秋、冬、春3个季节累计积雪厚度与3~5月径流关系

图 6-11　长江源径流与累计积雪厚度关系

春季累计积雪厚度和5月径流相关性最高，这表明春季积雪对长江源5月径流影响最大。整个秋、冬、春3个季节累计积雪厚度和春季径流相关系数为0.62，这表明累计积雪对春季径流影响很大。相对黑河、疏勒河，积雪对长江源径流的影响更大。

（4）黄河源

统计分析表明，秋、冬、春3个季节累计积雪厚度与春季径流相关性较高，相关系数在0.4~0.78（图6-12），其中春季累计积雪厚度和5月径流相关系数达到0.78 [图6-12（c）]，这表明春季积雪对黄河源春5月流影响最大。整个秋、冬、春3个季节累计积雪厚度和春季径流相关系数为0.61，这表明累计积雪对春季径流影响很大。相对黑河、疏勒河和长江源，积雪对黄河源径流的影响更大。

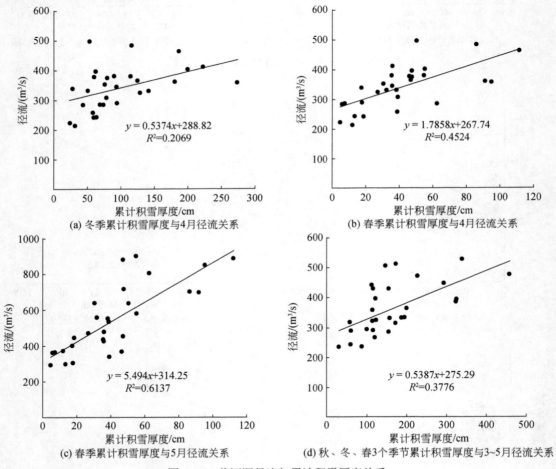

图6-12 黄河源径流与累计积雪厚度关系

总之，从累计积雪厚度与径流的分析结果看，4个流域春季累计积雪厚度对春季径流的影响比秋季累计积雪厚度和冬季累计的积雪厚度影响较大，这说明春季降雪对融雪径流的影响最大，冬季累计积雪厚度对径流的影响次之，而秋季对积雪的影响最弱。从4个流域的差异看，不同流域累计积雪厚度对逐月径流的影响时段略有差异，其中黑河流域主要集中在 5～6 月，而疏勒河和长江源积雪影响集中在 5 月，黄河源主要集中在 4～5 月。这种差异与流域纬度位置有较大关系。总体而言，积雪对径流的影响主要集中在 3～6 月。

6.3.3　MODIS 积雪面积与径流

（1）黑河流域

利用 MODIS 逐日累积积雪面积统计秋、冬、春 3 个季节累计积雪面积，分析其与春季径流的关系。统计结果表明：黑河流域秋、冬、春 3 个季节累计积雪面积与 4 月径流相关系数最高，相关系数分别为 0.73、0.84 和 0.72 ［图 6-13 （a）、图 6-13 （b）、图 6-13 （d）］。秋、冬、春 3 个季节累计积雪面积与春季径流的相关系数为 0.49。这表明积雪对黑河春季径流影响较大，特别是对 4 月的径流影响最大。对比分析后将台站积雪日数及微波积雪厚度作为积雪指标，用 MODIS 累计积雪面积作为积雪指标与径流的关系最好。因此，MODIS 累计积雪面积是三者中最优的积雪指标。但由于 MODIS 积雪面积数据开始于 2001 年，所以分析的时段有限。

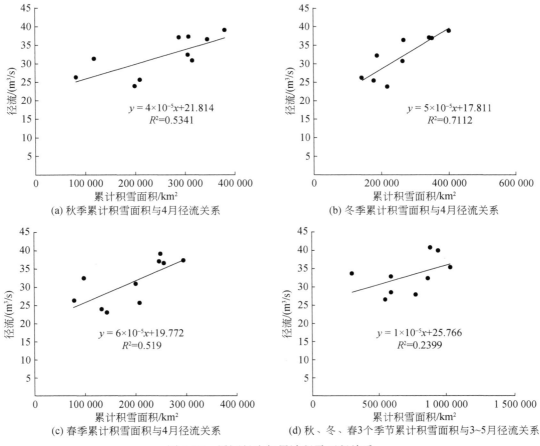

图 6-13　黑河径流与累计积雪面积关系

（2）疏勒河流域

MODIS 累计积雪面积与径流结果表明：疏勒河秋、冬、春 3 个季节累计积雪面积与春季 4 月径流相关系数低于 0.25（图 6-14），累计积雪面积与径流相关性较差。将 MODIS 积雪面积作为指标表明积雪对春季径流的影响较弱。对比利用单站积雪日数和微波累计积雪厚度作为指标分析与径流的关系结果，显然将微波积雪厚度作为指标相比积雪日数和 MODIS 累计积雪面积更好。

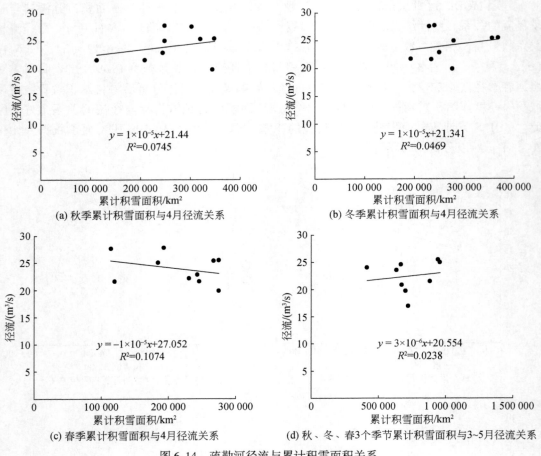

(a) 秋季累计积雪面积与4月径流关系

(b) 冬季累计积雪面积与4月径流关系

(c) 春季累计积雪面积与4月径流关系

(d) 秋、冬、春3个季节累计积雪面积与3~5月径流关系

图 6-14 疏勒河径流与累计积雪面积关系

（3）长江源

统计结果表明：长江源秋、冬、春 3 个季节累计积雪面积与春季径流相关性较高，其中秋、冬两季累计积雪面积与 4 月径流相关系数最高，春季累计积雪面积与 5 月径流相关系数最高（图 6-15），相关系数分别为 0.61、0.79 和 0.69（图 6-15）。秋冬春累计积雪面积和春季径流相关系数为 0.79，这表明春季积雪对长江源春季径流影响很大。相对黑河、疏勒河，积雪对长江源径流的影响更大。而将 MODIS 累计积雪面积作为积雪指标时，其与春季径流的相关性高于积雪日数和微波累计积雪厚度作为指标的统计结果。

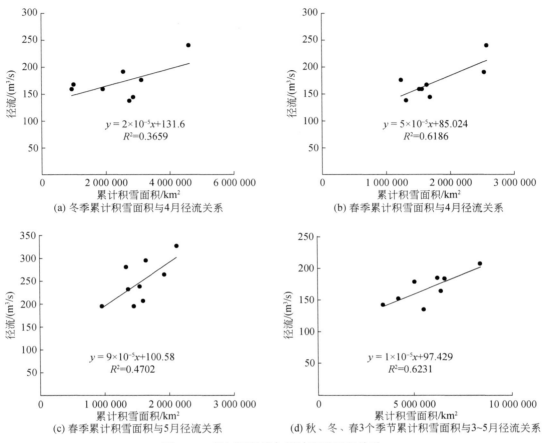

图 6-15 长江源径流与累计积雪面积关系

（4）黄河源

统计分析表明，黄河源秋、冬、春 3 个季节 MODIS 累计积雪面积与春季径流相关性较高，秋、冬、春季累计积雪面积与 4 月径流，以及秋冬春三季节累计积雪面积与春季径流相关系数在 0.35~0.76（图6-16）。秋冬春累计积雪面积和春季径流相关系数达到 0.81，这表明累计积雪对春季径流影响很大。相对黑河、疏勒河和长江源，积雪对黄河源径流的影响最大。而将 MODIS 累计积雪面积作为积雪指标比积雪日数更优。

总之，从累计积雪面积与径流的统计关系可以看出，尽管累计积雪面积数据序列较短，但累计积雪面积相对积雪日数和累计积雪厚度与径流的关系明显最好，秋、冬、春 3 个季节积雪面积与春季径流，特别是与 4 月径流的关系最好。利用 MODIS 累计积雪面积结果分析表明，春季径流和累计积雪面积的统计关系非常高。4 个流域的统计分析差异表明：长江源、黄河源累计积雪面积对径流的影响最大，黑河流域次之，而疏勒河累计积雪面积对径流的影响最差。

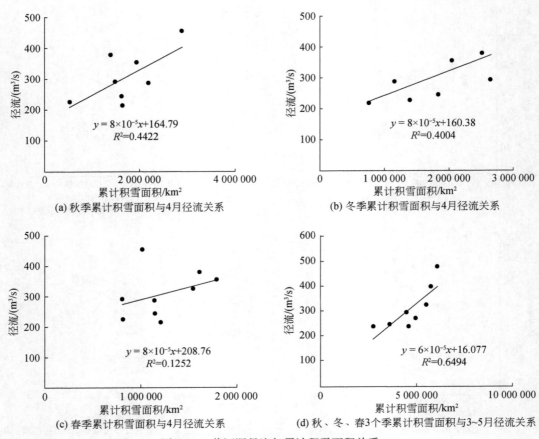

图 6-16 黄河源径流与累计积雪面积关系

以上分别选择了积雪日数、累计积雪厚度、MODIS 累计积雪面积作为积雪多寡的指标，分析了这些指标与径流的统计关系。可以看出将 MODIS 累计积雪面积作为指标相比累计积雪厚度较好，积雪日数最差。这种指标的优劣可能与数据的代表性和分辨率有直接的关系，由于积雪日数采用单点的数据，所以代表性相对最差，而微波积雪厚度数据空间分辨率为 25km，数据空间分辨率较差，而 MODIS 累计积雪面积数据空间分辨率为 500m，其精度相对最好，所以与径流的统计关系最好。这里需要注意的是，MODIS 累计积雪面积与 4 月的径流统计关系最好，而累计积雪厚度与 5 月径流的关系最好。这可能与 MODIS 累计积雪面积在 5 月较低，不能反映真实的积雪储量有关。

6.4 过去 50 年融雪径流变化

根据 SRM（snow melt runoff model）模型的基本思路和方法，本书模拟了黑河、疏勒河、长江源和黄河源的逐月平均流量。在区分了融雪径流和降雨径流的基础上，模拟了过去 50 年以来积雪径流的变化。本章数据来自 3.3 节中的中国高寒山区降水数据集，气温利用流域内站点数据。

6.4.1 黑河流域

本书选取野牛沟站气温数据，并以海拔 3600m 为界，将流域划分为高山带和中山带。以莺落峡站观测径流为验证点，模拟了 1960~2011 逐月径流过程。结果表明，拟合 R^2 达到 0.85 [图 6-17 (a)]，径流深偏差为 −4.8mm；从模拟结果看，降雪和积雪融水占流域径流的比重约为 20% [图 6-18 (a)]，积雪消融主要集中在 3~6 月。9~10 月也有少量积雪消融。从降雪和积雪消融所占比重变化来看，在 1987 年左右比重稍高于多年平均水平，此后呈现递减的趋势，但这种趋势并不显著。整体来看，融雪径流呈现增加趋势。Wang 等（2010）研究指出黑河山区流域积雪径流在 20 世纪 70 年代以来有所增加。这与本书结果类似。

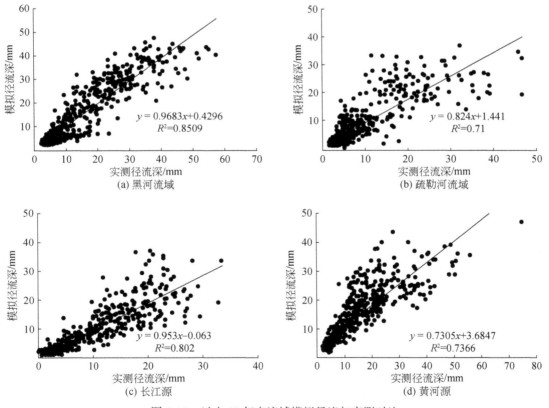

图 6-17 过去 50 年来流域模拟径流与实测对比

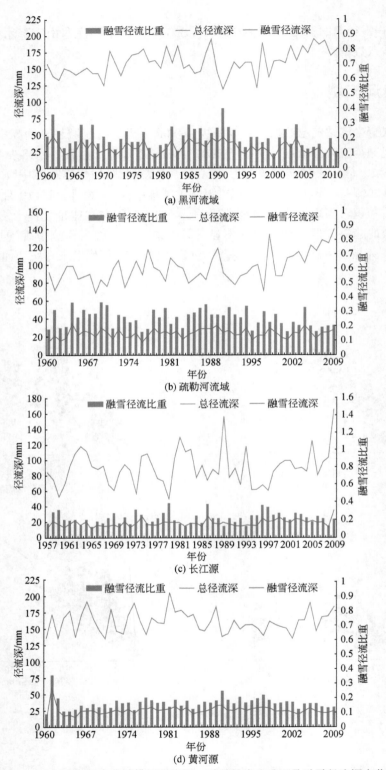

图 6-18　过去 50 年来流域模拟径流深、融雪径流比重以及融雪径流深变化

6.4.2　疏勒河流域

选取托勒站气温数据，并将疏勒河流域划分为 9 个带，以昌马堡水文站作为流域出口。本书模拟了 1960 年以来径流的变化及融雪径流的变化。对比实测结果，模拟与实测径流之间 R^2 达 0.7。由于疏勒河流域内缺乏有效的降水和气温数据站点，所以模拟结果较黑河流域略差 [图 6-17（b）]。从融雪径流的贡献来看，融雪径流占到总径流的 25% 左右 [图 6-18（b）]。而近 50 年以来，融雪径流量略有增加。融雪径流主要发生在 3～6 月，其中 5～6 月融雪径流比重较大。

6.4.3　长江源

选取沱沱河站气温数据，并将长江源划分为 9 个带，以直门达水文站作为流域出口。本书模拟了 1960 年以来径流的变化及融雪径流的变化。对比实测结果，模拟 R^2 达到 0.8 [图 6-17（c）]。从融雪径流的贡献来看，融雪径流占到总径流的 20% 左右。而近 50 年以来，融雪径流量贡献变化不大 [图 6-18（c）]。融雪径流主要发生在 4～9 月，其中 5～7 月融雪径流比重较大。

6.4.4　黄河源

选取达日站气温数据，并将黄河源划分为 9 个带，以唐乃亥水文站作为流域出口。本书模拟了 1960 年以来径流的变化及融雪径流的变化。对比实测结果，模拟 R^2 达到 0.75 [图 6-17（d）]。从融雪径流的贡献来看。融雪径流占到总径流的 15% 左右 [图 6-18（d）]。而近 50 年以来，融雪径流量贡献基本没有变化。融雪径流主要发生在 3～6 月，其中 5～6 月融雪径流比重较大。

6.4.5　全球及中国过去融雪径流变化

近 50 年来，北半球冰冻圈中的较高海拔和较高纬度流域的融雪径流呈现增加趋势（表 6-1），其他地区主要为减少趋势。与北半球总体情况不同，中国冰冻圈特别是西部高海拔地区 1960～2014 年融雪径流总体呈现增加趋势，天山南坡、祁连山西段、长江源以及长白山区融雪增加明显（图 6-19）。Stewart（2009）系统总结了青藏高原及其周边融雪径流变化，降水、气温是融雪径流变化的主要影响因素。过去 50 年以来尽管气温升高，但由于降水增加，降雪并没有明显减少，局地甚至出现雪深增加趋势。所以融雪径流整体变化不大或呈现增加趋势。

表 6-1 世界主要河流融雪径流变化趋势分析

流域	融雪径流趋势	显著与否
科罗拉多河	减少	显著
莱茵河	减少	显著
鄂毕河	增加	显著
叶尼塞河	增加	显著
勒拿河	增加	显著
锡尔河	减少	不显著
阿姆河	减少	不显著
印度河	减少	显著
印度河源	减少	不显著
塔里木河	减少	不显著
黑龙江	减少	不显著
长江源	增加	不显著
黄河源	减少	不显著
雅鲁藏布江	增加	不显著
湄公河	增加	不显著
恒河	减少	不显著

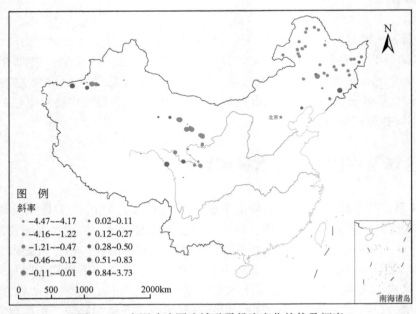

图 6-19 中国冰冻圈流域融雪径流变化趋势及幅度

6.5 未来融雪径流的变化

选择 CMIP5 下 NorESM1-M 和 NorESM1-ME 提供的 RCP2.6、RCP4.5 和 RCP8.5 气候情景数据，预估了黑河（图6-20）、疏勒河（图6-21）、长江源（图6-22）和黄河源（图6-23）4 条河流融雪径流的可能变化。

从 4 条河流模拟结果来看，处于海拔较低的黑河和黄河源在未来气温升高、降雨增加的条件下，融雪径流整体呈下降趋势，但黑河流域的减少趋势并不明显。而长江源平均海拔在 4800m，由于升温造成的降雪没有明显地减少，加之积雪提前消融，径流系数在 3~5 月较高，造成融雪径流增加。疏勒河平均海拔在 4000m 左右，尽管升温造成降雨比重增加，但由于积雪提前消融，积雪升华损失减小，且 3~5 月融雪径流系数较高，弥补了降雪减少的损失，融雪径流略有增加的趋势。

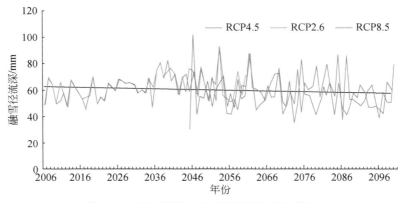

图 6-20 黑河流域未来融雪径流的变化趋势

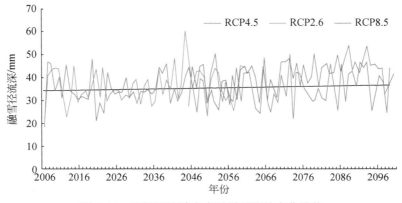

图 6-21 疏勒河流域未来融雪径流的变化趋势

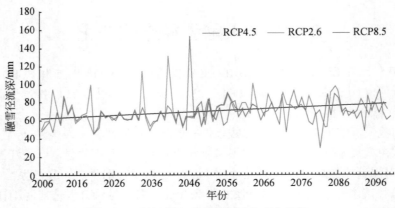

图 6-22　长江源未来融雪径流的变化趋势

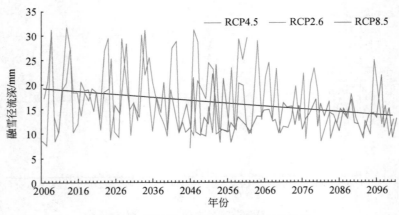

图 6-23　黄河源未来融雪径流的变化趋势

从三种模式对应的温升情况来看，RCP2.6 情景下到 2060 年全球温升不足 2℃，其对应的融雪径流整体变化不大，即在全球温升 1.5℃时，降雨增加可以弥补气温升高带来的损失，融雪径流变化不大。

RCP4.5 情景下到 2045 年时全球温升约 2℃，4 个流域的融雪径流呈献略微增加或变化不大的趋势，这表明气温升高 2℃时，降水增加可以弥补气温升高对融雪径流变化带来的影响。

总体来看，高海拔流域如长江流域受气温升高的扰动较小，融雪径流很有可能呈现增加的趋势。而黄河源融雪径流将呈现减少的趋势。这也就是说，对于高海拔山区，海拔 4700m 以上区域，降水增加，同时降雪也会增加，而气温升高仅能够造成低海拔区降雪比例减少；而且由于消融提前，径流系数相对较高，所以融雪径流并未减少。而低海拔地区，由于气温升高，降雪比例减小，融雪径流可能减少的比例更大。

综上所述，全球变暖导致北半球绝大多数地区融雪径流减少，但在极高纬度、高海拔地区，融雪径流则呈现增加趋势。中国冰冻圈特别是西部高海拔地区 1960～2014 年融雪径流总体呈现增加趋势，天山南坡、祁连山西段、长江源以及长白山区融雪增加明显，但存在一定空间差异性。从黑河、疏勒河、长江源和黄河源 4 个典型流域的模拟与预估结果看，积雪变化对黄河春季径流影响最大，长江源次之，然后是黑河和疏勒河。每条河流不同积雪指标与逐月径流的统计分析表明：黄河源秋、冬季节积雪主要影响 4 月的径流，春季积雪则影响 4 ~ 5 月的径流。对于长江源，利用 MODIS 累计积雪面积作为指标表明：秋、冬季节积雪主要影响 4 月的融雪径流，春季积雪主要影响 5 月的径流。而利用微波累计积雪厚度作为指标研究表明积雪主要影响 5 月的径流。对于疏勒河，利用微波积雪厚度建立的指标表明积雪主要影响 5 月径流。黑河流域，利用 MODIS 建立的积雪面积指标表明积雪主要影响 4 月的径流，而利用微波积雪厚度作为指标，积雪主要影响 5 月、6 月的径流。根据以往的研究，微波积雪厚度数据分辨率较粗，空间分辨率为 0.5°×0.5°，而 MODIS 累计积雪面积的分辨率为 0.05°×0.05°，MODIS 累计积雪面积数据相对准确性和分辨率更高。所以利用 MODIS 作为指标的分析结果更为可靠。

从融雪径流的模拟结果看，黑河流域、疏勒河流域、长江源和黄河源融雪径流比重占到总径流的 15% ~ 25%。消融主要集中在 3 ~ 6 月。近 50 年以来，融雪径流变化不大或略有增加。从预估的结果来看，降水增加、气温升高的背景下，黄河源融雪径流呈显著下降趋势，而黑河略有减少、疏勒河略有增加趋势，长江源融雪径流呈现明显增加趋势。预估结果与本章获取的积雪变化对春季径流影响程度的结论一致，即积雪变化对黑河和疏勒河春季径流的影响要弱于长江源和黄河源地区。

第7章 冰冻圈水文模型改进与构建

冰冻圈水文是寒区流域水文过程的核心和主体，冰冻圈中的冰川、积雪融水是寒区流域重要的水源，具有一定的调丰补枯作用，对流域径流的稳定具有重要的作用。与高纬度寒区流域相比较，中国主要高寒区流域冰川和积雪的水当量总体较小；多年和季节冻土分布广泛，其作为一种固态水库，可以调蓄流域的产流量，但多年冻土的连续性较差，岛状、不连续冻土较多，形成了流域复杂的产汇流过程，冻土的产汇流过程更易受全球变化的影响，从而对流域的年内水循环过程产生较大的影响。因此，如何在综合考虑冰冻圈各要素水文过程及其流域水文效应的同时，将不同植被下垫面的水文过程及流域水文效应纳入一个整体，构建流域尺度的水文模型，从而为准确分析流域的水量来源、径流过程、水情变化提供可靠依据，也为减少未来变化预估的不确定性、提高预测和预估的精度和能力奠定科学基础。因此，本章综述了冰冻圈流域水文模型的现状，提出了模型的耦合方法，并对 VIC（variable infiltration capacity）模型中的冰川方案进行了改进，最后构建了耦合冰冻圈全要素的水文模型 CBHM（cryospheric basin hydrological model）。

7.1 冰冻圈水文模型现状与问题

由于全球陆地水文过程多种多样，各具特色，加之多数流域水文模型都是基于特定的流域开发，模型的包容性和普适性方面尚嫌不足，对冰冻圈流域水文过程考虑不足。具体问题如下。

（1）适合冰冻圈流域的分布式水文模型较少

目前在常见的国内外流域水文模型中，完全包含冰冻圈诸要素的较少（表7-1）。多数分布式水文模型中仅包括了基于度日因子的积雪消融过程，在冰川水文过程的描述也相对简单，多采用度日因子模型，并没有考虑冰川运动及汇流过程等。考虑冻土水热耦合过程及其对流域产流、入渗、蒸散发和汇流过程的水文模型也较少。

表 7-1 常见分布式水文模型中的冰冻圈要素描述

模型名称	积雪模块	冻土模块	冰川模块	文献来源
DHSVM	是	否	否	Wigmosta et al.，1994
DWHC	是	是	是	Chen et al.，2007
GBHM	是	否	是	Yang et al.，1998
HBV	是	否	否	Bergström，1992
SHE	是	否	否	Refsgaard et al.，1992
TOPModel	是	否	否	Beven and Kirkby，1979

模型名称	积雪模块	冻土模块	冰川模块	文献来源
VIC	是	是	否	Liang et al., 1996
GEOtop	是	是	是	Rigon et al., 2006
WEB-DHM	是	是	否	Shrestha et al., 2012
SWAT	是	否	否	Arnold et al., 1998
CRHM	是	是	否	Pomeroy et al., 2007
PARFLOW	是	是	否	Ashby and Falgout, 1996
ARNO	是	否	否	Todini, 1996

资料来源: 丁永建等, 2017a。

(2) 冰冻圈流域输入资料的稀缺限制了模型物理过程的描述

高山区降水量、流域详细土壤和植被参数、地下含水层状况、各种气象驱动因子, 以及冰冻圈相应参数如冰川运动速率、厚度和体积实时变化数据、冰川汇流途径, 风吹雪驱动要素、积雪变质作用及消融过程数据, 深层冻土的水热性质等参数, 目前在中国甚至是全球寒区, 都较为缺乏。因此, 冰冻圈水文物理过程模块难以驱动。

(3) 经验参数和经验公式缺乏

在寒区水文模型中, 特别是冰冻圈水文模块中, 有许多简便、精度较高的处理方法, 但缺乏相应观测和实验参数的支撑, 如固液态降水分离的临界气温、降水观测误差校正方法、冻土完全冻结温度、积雪和冰川消融的度日因子等。这些参数有些是区域性的, 有些是普适性的, 有些还具有时空变化规律 (陈仁升等, 2014), 需要大量的数据统计和野外观测来获取。

(4) 冰冻圈水文过程中仍然存在许多不清楚的问题

由于对冰雪度日因子的时空变化规律、冰川汇流过程、冻土-生态-水文相互作用、厚层积雪变质及消融过程等, 尚缺乏深刻、全面的认识 (陈仁升等, 2014), 因此需要长期野外观测与研究, 从而进一步提高对冰冻圈水文过程的描述能力。

因此, 一方面需要对现有较好的模型进行冰冻圈水文过程方面的补充与改进, 另一方面开发适合中国冰冻圈流域的水文模型。

7.2 冰冻圈水文过程在流域水文模型中的耦合方法

如何准确刻画冰冻圈水文过程的分支模块, 并将其有机耦合成一个整体, 是当今寒区流域水文模拟面临的关键问题。以水文循环和产汇流过程为主线是模型耦合的基本原则。在本书相关章节中, 专门介绍了冰川、冻土和积雪水文过程的数学描述和模拟方法, 本节主要介绍如何在流域水文模型中耦合这些冰冻圈水文要素。

7.2.1 冰川水文模块

在寒区流域分布式水文模型中, 冰川水文模块可以单独刻画。不管是简单的统计模型

（如各种原始和改进度日因子模型，太阳辐射–消融量/径流量模型等），还是复杂的包含冰川运动及冰内、冰下汇流模块的分布式水文模型，其估算出的冰川径流量都是相对独立的。如何与流域其他下垫面的产流量融合到一起，应视情况而定，下面介绍几种方法。

1）若分布式水文模型以格网划分产流单元，则判断该格网内是否存在冰川及其面积比例，进而计算该格网内的冰川产流量，最终将该产流量与其他下垫面类型的产流量相同对待，参与流域汇流过程；若模型格网太大而冰川面积太小，或者冰川跨越模型格网，则需要做次格网化处理。

2）若分布式水文模型以小流域作为最小产流单元，则尽可能将冰川所属的小流域单独划分。若该小流域内还存在裸露山坡产流，则将裸露山坡产流沿地形汇流到冰川小流域的相应位置，作为冰川区的输入水量，再参与冰川区的汇流过程（冰川小流域的汇流过程单独描述）。

3）综合方法。尽管流域分布式水文模型是以格网刻画产流单元的，但仍然可将冰川区单独划分小流域。将该小流域出口的产流量直接对应到分布式水文模型的格网上，直接参与流域水文模型的汇流模块中，从而实现与模型其他模块的有机结合。

7.2.2　积雪水文模块

积雪水文模型也有许多种，既包括黑箱模型，又包括概念性和分布式物理模型。寒区流域分布式水文模型中，不管是以格网还是小流域为最小水文产流单元，积雪水文模块的处理，可按下面步骤完成。

1）首先需要判断产流单元内的降雪量及前期积雪量。简单的固液态降水分离方法是判断产流单元内降雪量的较好选择，然后需要根据相应经验参数或公式估算受风扰动等因素造成的降雪量估算误差（Chen et al.，2014a）。前期积雪量可通过实地调查获取，也可通过对应时间的遥感资料粗略估计。单元格内的积雪面积需要精确刻画，具体处理方法参见冰川水文模型的处理方法。

2）风吹雪及降雪再分布过程。根据相应模块估算降雪的再分布，获取不同格网或格网内部积雪面积及厚度的差异。估算的积雪面积准确性可以利用对应时刻的高精度可见光遥感影像资料验证。

3）同时考虑降雪植被截留与风扰动造成截留降雪的降落量，以及积雪升华和蒸发量。

4）不管是利用简单的度日因子模型，还是应用考虑积雪变质作用及汇流过程的、复杂的能量平衡模型，所获取的积雪净消融量，首先到达地表，与冻土水文过程联系起来。此时的消融水量，是入渗、蒸发还是直接作为地表径流量，或者是否参与3个过程，取决于冻土的水热参数及地形条件。也就是说，积雪水文模型与冻土水文模型的结合点，就是到达冻土表面的积雪净消融水量。可以把该净消融水量当做降雨量处理，这是一种比较简单的方法。

5）积雪的消融过程与下伏冻土的水热状况是相互作用的。在降雪量较多、积雪较厚的流域，在构建模型时需要考虑合理的积雪分层，积雪最下层与冻土地表之间考虑其水热传输过程，从而实现积雪水文和冻土水文过程的耦合。中国高寒区积雪厚度一般较薄，因此可将积雪层作为一层处理，积雪层和冻土表面考虑用水热传输过程进行耦合。

7.2.3 冻土水文模块

冻土水文过程是指水分在季节冻土、多年冻土活动层以及多年冻土层以下土壤和岩层内的迁移、转化及相变的过程，是一种基于冻土为主要下垫面类型的特殊陆面水文过程。在产汇流过程中，多年冻土活动层和季节冻土融化层底部是深度不断变化的隔水层，赋存在冻结和未完全冻结土壤和岩层中固态含水量（冰），改变了土壤-岩层的能量收支和平衡，既增加了冻结-融化潜热过程，也改变了土壤-岩石层的导热系数、热容和总能量以及热量传导过程。固态含水量（冰）的存在，还改变了土壤-岩石层的结构，减少了土壤-岩层的有效孔隙度和实际土壤田间持水量，改变了土壤液态水分-土壤水势关系（土壤水分特征曲线），改变了土壤-岩层的实际水力传导系数，最终改变了液态水分（未冻水）的运移方向、运移长度、运移速率和运移量（陈仁升等，2006）。也就是说，冻土水文过程贯穿于流域的产流、入渗、蒸散发和汇流过程中，是寒区流域水文过程的核心环节。如何将冻土水热耦合过程与流域内的产流、入渗、蒸散发和汇流过程结合起来，是寒区流域分布式水文模型考虑的重点。

1）将到达冻土表面的净水量（包括降水量、积雪净消融量、其他格网的来水量等）按照降雨量对待。

2）利用冻土水热耦合过程的相应模块，估算不同冻土层的各种水热参数的变化（考虑冻土中的含冰量），包括饱和导水率和实际导水率、实际孔隙度（孔隙度扣除含冰量）、实际田间持水量、水势梯度、导热系数、土壤液态和固态含水量（未冻水含量及含冰量）、土壤温度等参数的初始状态。

3）根据冻土表层水热参数状态，按照相关的产流、入渗理论和方法（各水文模型中应用方法可能不同），判断到达冻土表面的净水量是发生入渗、产流还是蒸发，由此估算相应过程的水量配额。

4）根据上述计算结果，判断到达冻土第一层的液态水量，以及由此引起的土壤温度、导热系数和含冰量的变化，再次按照冻土水热耦合方法估算冻土各种水热参数的变化，特别是土壤水势梯度和导水率的变化，然后估算冻土第一层会发生入渗、蒸散发和产流等过程中的哪一种或哪几种，最后获取第一层冻土发生上述过程后的水热状态。

5）以此类推，继续估算其他冻土层的水热传输及耦合过程，最终到达隔水层或地下水层。

6）各层冻土的产流量最终按照水文模型中相应的汇流方法，到达流域出口断面。

7.3 VIC 模型中冰川模式的改进

在大空间尺度的模式计算单元中，因冰川多处于海拔相对较高的区域且地形复杂，山地冰川可能仅占模式网格中很小的比例。由于海拔的差异，冰川区的气温、降水等与模式模拟单元网格的平均/中心存在很大差异［图7-1（a）］。此外，山地冰川多处于山谷区，山地的阴影会很大程度影响冰川表面的太阳辐射［图7-1（b）］。冰川消融对辐射和气温非常敏感，故在陆面水文模式中加入冰川方案时，需对冰川区进行次网格化（气象要素及冰川分布）处理。

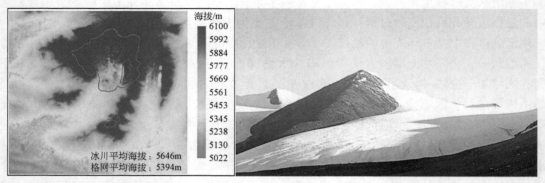

(a) 模型格网中心海拔与冰川区海拔差　　　　　　　(b)冰川区山体阴影

图 7-1　模型格网中心海拔与冰川区海拔差及冰川区山体阴影

7.3.1　模式的计算单元的改进

由于目前大尺度陆面水文模式均采用矩形格网作为计算单元，模式是逐格网计算，格网之间不存在联系。如果采用这种矩形格网，一个冰川很可能会位于两个模型格网内［图7-2（a）］，这样不易在模式中统计每条冰川的物质平衡的变化状况，而目前冰川动力模型是针对单条或几条冰川进行计算的，这也就无法通过模式的计算单元进行有效计算。鉴于冰川的分布是受山脊线进行控制的，那么冰川分布就与根据高程数据（DEM）提取的天然的子流域是一致，采用子流域作为模式的每个计算单元（HRU）时，可以确保每条冰川均分布在模式的每个子流域 HRU 中，便于后面模拟每条冰川的物质平衡和动力变化过程，故本书对 VIC 模型进行了修改，将子流域作为计算单元 HRU。

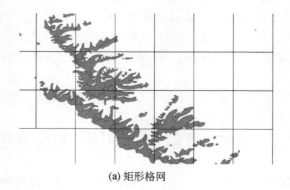

(a) 矩形格网

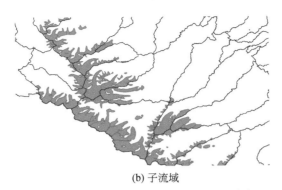

(b) 子流域

图 7-2　冰川在矩形格网和子流域中的分布

7.3.2　冰川在模式计算单元中的次网格化

为了更好地考虑冰川气象要素的次格网问题及后期进行的冰川动态方案，本书对模拟区域的冰川进行编号，在每个计算单元（HRU）中，采用高分辨的 DEM 数据（ASTER GDEM 或 SRTM DEM），对包含的冰川进行高程分带，然后统计每个高程带各条冰川所占的面积比例，并且统计每个高程带的平均高程（图 7-3），从而制作模型冰川输入数据。模型逐冰川逐高程带进行计算，计算每个单元内的所有冰川融水产流量，将每条冰川的高程带作为一个小的计算单元，通过 VIC 模型的汇流方案，计算到达河流断面的径流量（图 7-4）。

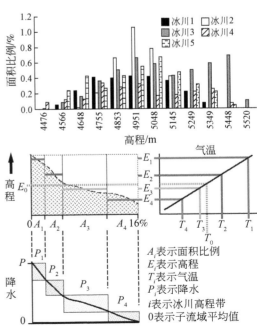

图 7-3　模型计算单元内冰川次网格化方案示意图

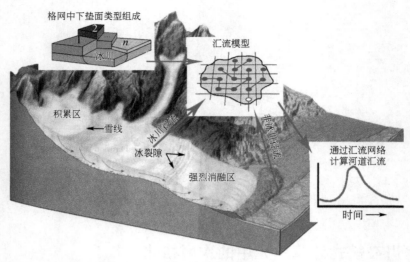

图 7-4　VIC 模型中冰川方案表达的示意图

7.3.3　冰川区气象要素的次网格化

考虑模型运行速度及计算量方面问题，将模型计算单元内所有冰川分成数个高程带，根据每个高程带内所有的冰川区平均高程和模型计算单元非冰川区平均高程差，将气温和降水从模型计算单元内非冰川区平均值采用梯度法推算到每个冰川高程带；考虑每条冰川的地形差异，将非冰川区太阳辐射平均值按照后述算法推算到每条冰川的每个高程带上。下面将详细介绍冰川区气象要素次网格化的具体方法。

（1）气温和降水

对于气温和降水，采用高程梯度的方式从计算单元推算至每个冰川高程带，具体计算公式如下

$$T_{\text{band}} = T_0 + T_{\text{alt},m}\left(E_{\text{band}} - E_0\right)/100 \tag{7-1}$$

$$P_{\text{band}} = P_0\left[1 + \frac{P_{\text{alt},m}\left(E_{\text{band}} - E_0\right)/100}{P_{0,m}}\right]$$

$$\text{if } P_{\text{band}} < 0.0, \ P_{\text{band}} = 0.0 \tag{7-2}$$

式中，T_{band}、P_{band} 为冰川高程带的气温（℃）和降水（mm）；T_0、P_0 为模型计算单元的中心或平均气温（℃）和降水（mm）；E_{band} 和 E_0 为冰川高程带及模型计算单元的平均高程（m）；$T_{\text{alt},m}$、$P_{\text{alt},m}$ 为逐月气温高程梯度（℃/100m）和降水梯度（mm/100m）；$P_{0,m}$ 为对应的模型计算单元多年平均的逐月降水量（mm）。

（2）太阳辐射和长波辐射

采用能量平衡方案计算冰川消融时，需要将模型计算单元的太阳辐射和大气长波辐射次网格化到每条冰川的每个高程带。对于太阳辐射，首先采用高分辨率的 DEM 借助 ARCGIS 的 SRAD 辐射模型，分别计算考虑地形影响下一年内逐时的潜在太阳辐射 A；然

后将模型单元内的所有高分辨率 DEM 格网全部高程设置为不包含冰川区的平均高程，再采用 ARCGIS 软件计算逐时的太阳辐射，即不考虑坡度、坡向及阴影下的潜在太阳辐射 B（图7-5）；统计考虑地形要素下每个时刻、每条冰川各高程带的潜在太阳辐射（$A_{i,\text{band}}$）与不考虑地形要素下的非冰川区的潜在太阳辐射（B_i）之间的比值。从而建立包含一年的逐时每条冰川的每个高程带的太阳辐射修正因子参数库

$$\text{F}_S\text{w}_{i,\text{band}} = A_{i,\text{band}} / B_i \tag{7-3}$$

式中，$\text{F}_S\text{w}_{i,\text{band}}$ 为第 i 条冰川、第 band 个冰川高程带某一时刻的太阳辐射修正因子。则模型计算单元内每条冰川每个高程带的太阳辐射（$\text{Sw}_{i,\text{band}}$）可通过计算单元（不包括冰川）的平均太阳辐射（$\text{Sw}_0$）计算获得

$$\text{Sw}_{i,\text{band}} = \text{F}_S\text{w}_{i,\text{band}} \times \text{Sw}_0 \tag{7-4}$$

对于大气长波辐射，采用如下公式将大气长波辐射次网格化到冰川高程带

$$\text{Lin}_{\text{band}} = \text{Lin}_0 \times \left[(T_{\text{band}} + 273.15) / (T_0 + 273.15) \right]^4 \tag{7-5}$$

式中，Lin_{band}、Lin_0 分别为冰川高程带的大气长波辐射及模型计算单元的平均长波辐射值（W/m^2）。

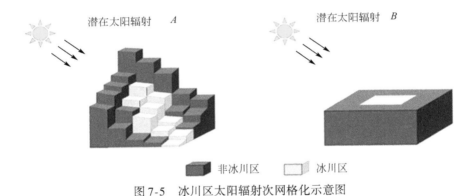

图 7-5　冰川区太阳辐射次网格化示意图

7.3.4　基于 VIC 模型改进的冰川模型

目前被广泛应用的冰川消融模型主要有度日和能量平衡模型，本书在 VIC 陆面水文模式中耦合了度日和能量冰川消融模型，将 HRU 中每个冰川高程带作为一个计算单元，计算冰川的消融和积累，具体计算方法如下。

7.3.4.1　冰川消融模型

目前 VIC 模型中耦合了两套冰川消融方案：度日因子及能量平衡冰川消融方案。本书将详细介绍两种冰川消融方案。

首先计算模型单元内每条冰川的每个高程带的冰川产流量及冰川物质平衡，然后根据冰川面积比例分布情况，计算冰川区的产流量和每条冰川的物质平衡。

根据冰川在高程带中的面积比例情况，加权求和可得模型计算单元内的每条冰川的物质平衡 Mass_i（mm）和产流量 Runoff_i（mm）

$$\text{Mass}_i = \sum_{\text{band}=1}^{N_{\text{band}}} \left(\text{Mass}_{i,\text{band}} \times \frac{\text{frac}_{i,\text{band}}}{\text{frac}_{i,\text{sum}}} \right) \tag{7-6}$$

$$\text{Runoff}_i = \sum_{\text{band}=1}^{N_{\text{band}}} \left(\text{Runoff}_{i,\text{band}} \times \frac{\text{frac}_{i,\text{band}}}{\text{frac}_{i,\text{sum}}} \right) \tag{7-7}$$

式中，$\text{frac}_{i,\text{band}}$、$\text{frac}_{i,\text{sum}}$ 分别为第 i 条冰川在第 band 个高程带中所占的面积比例及在整个计算单元中所占的面积比例；N_{band} 为总的冰川高程带数；$\text{Mass}_{i,\text{band}}$、$\text{Runoff}_{i,\text{band}}$ 分别为第 i 条冰川的第 band 个高程带的产流量和物质平衡量。

冰川区的平均产流量（Runoff_g）计算公式如下

$$\text{Runoff}_g = \sum_{i=1}^{n} \left(\text{Runoff}_i \times \frac{\text{frac}_{i,\text{sum}}}{\text{frac}_{\text{sum}}} \right) \tag{7-8}$$

式中，$\text{frac}_{i,\text{sum}}$、$\text{frac}_{\text{sum}}$ 分别为第 i 条冰川和所有冰川在整个计算单元中所占的面积比例；Runoff_i 为第 i 条冰川的产流量（mm）；n 为总的冰川数量。

（1）改进的度日模型

如果气温大于临界温度（T_T，通常为 0℃），冰雪消融开始发生。第 i 条冰川潜在的积雪消融量 $\text{Psm}_{i,\text{band}}$（mm）可根据下式计算

$$\text{Psm}_{i,\text{band}} = \text{DDF}_{\text{snow}} / \left(1 - 0.5 \times \text{cosasp}_{i,\text{band}} \right) \times \left(T_{\text{band}} - T_T \right) \tag{7-9}$$

式中，DDF_{snow} 为雪的度日因子 [mm/（℃·d）]；$\text{cosasp}_{i,\text{band}}$ 为第 i 条冰川第 band 个高程带的坡向余弦的平均值。

将 $\text{Psm}_{i,\text{band}}$ 与冰面的积雪量 $\text{Sw}_{i,\text{band}}$ 进行比较，若 $\text{Sw}_{i,\text{band}} > \text{Psm}_{i,\text{band}}$，则仅仅融化了冰面的积雪，反之冰川冰将融化来消耗剩余的能量，冰面的积雪雪水当量将设置为 0，计算公式如下

$$\text{Gm}_{i,\text{band}} = \begin{cases} \text{Psm}_{i,\text{band}}, & \text{Sw}_{i,\text{band}} \geq \text{Psm}_{i,\text{band}} > 0 \\ \text{Sw}_{i,\text{band}} + \left(\text{Psm}_{i,\text{band}} - \text{Sw}_{i,\text{band}} \right) \times \dfrac{\text{DDF}_{\text{ice}}}{\text{DDF}_{\text{snow}}}, & 0 < \text{Sw}_{i,\text{band}} < \text{Psm}_{i,\text{band}} \\ \text{DDF}_{\text{ice}} / \text{cosasp}_{i,\text{band}} \times \left(T_{\text{band}} - T_T \right), & \text{Sw}_{i,\text{band}} = 0 \end{cases} \tag{7-10}$$

式中，$\text{Gm}_{i,\text{band}}$ 为冰雪的总消融量（mm）；DDF_{ice} 为冰的度日因子 [mm/（℃·d）]。

$$\text{Sw}_{i,\text{band}} = \begin{cases} \text{Sw}_{i,\text{band}} - \text{Psm}_{i,\text{band}}, & \text{Sw}_{i,\text{band}} \geq \text{Psm}_{i,\text{band}} > 0 \\ 0, & \text{Sw}_{i,\text{band}} < \text{Psm}_{i,\text{band}} \end{cases} \tag{7-11}$$

如果冰面仍然有积雪存在，那么积雪层将持有一定融水，直到超过存在的积雪雪当量的临界比例（CWH，通常值为 0.035）。产流量 $\text{Runoff}_{i,\text{band}}$（mm）和雪层的液态水含量由下式计算

$$\text{Runoff}_{i,\text{band}} = \text{Liquid}_{i,\text{band}} + \text{Gm}_{i,\text{band}} - \text{CWH} \times \text{Sw}_{i,\text{band}}$$
$$\text{if } \text{Runoff}_{i,\text{band}} < 0.0, \ \text{Runoff}_{i,\text{band}} = 0.0 \tag{7-12}$$

$$\text{Liquid}_{i,\text{band}} = \text{Liquid}_{i,\text{band}} + \text{Gm}_{i,\text{band}} - \text{Runoff}_{i,\text{band}} \tag{7-13}$$

当气温小于 T_T 时，积雪层内的液态水将发生重冻结过程，产流量为 0。

$$\text{Freeze}_{i,\text{band}} = \text{DDF}_{\text{snow}} / \left[\text{cosasp}_{i,\text{band}} \times \text{CFR} \times \left(T_T - T_{\text{band}} \right) \right] \tag{7-14}$$

$$\text{Sw}_{i,\text{band}} = \begin{cases} \text{Sw}_{i,\text{band}} + \text{Freeze}_{i,\text{band}}, & \text{Liquid}_{i,\text{band}} \geq \text{Freeze}_{i,\text{band}} \\ \text{Sw}_{i,\text{band}} + \text{Liquid}_{i,\text{band}}, & \text{Liquid}_{i,\text{band}} < \text{Freeze}_{i,\text{band}} \end{cases} \tag{7-15}$$

$$\text{Liquid}_{i,\text{band}} = \begin{cases} \text{Liquid}_{i,\text{band}} - \text{Freeze}_{i,\text{band}}, & \text{Liquid}_{i,\text{band}} \geq \text{Freeze}_{i,\text{band}} \\ 0, & \text{Liquid}_{i,\text{band}} < \text{Frezze}_{i,\text{band}} \end{cases} \tag{7-16}$$

式中，$\text{Freeze}_{i,\text{band}}$ 为潜在的液态水重冻结量（mm）；CFR 为重冻结系数（取 0.1）。

每个高程带的物质平衡表达如下

$$\text{Mass}_{i,\text{band}} = \text{P}_{\text{band}} - \text{Runoff}_{i,\text{band}} \tag{7-17}$$

（2）能量平衡模型

当利用能量平衡模型计算冰川消融时，时间尺度为次日尺度，如果模型的气象输入数据是日尺度，那么采用 VIC 模型自带的程序，将日气象数据离散成次日尺度，并且将次日尺度模拟的冰川径流、物质平衡等数据平均为日尺度并作为输出。以下将具体介绍能量平衡冰川消融计算方案。

对于模型计算单元内冰川小计算单元表明的能量平衡模型可表示如下

$$\text{QN}_{i,\text{band}} + H_{i,\text{band}} + \text{LE}_{i,\text{band}} + G_{i,\text{band}} + \text{QP}_{i,\text{band}} = \text{QM}_{i,\text{band}} \tag{7-18}$$

式中，$\text{QN}_{i,\text{band}}$ 为冰面的净辐射（W/m²）；$H_{i,\text{band}}$ 为感热通量（W/m²）；$\text{LE}_{i,\text{band}}$ 为潜热通量（W/m²）；$G_{i,\text{band}}$ 为冰下热传导（W/m²）；$\text{QP}_{i,\text{band}}$ 为降水传递的热量（W/m²）；$\text{QM}_{i,\text{band}}$ 为冰川消融所消耗的热量（W/m²）。

A. 净辐射

净辐射表示冰川表面接收到的净短波辐射和长波辐射，可表示如下

$$\text{QN}_{i,\text{band}} = \text{SW}_{i,\text{band}} \left(1 - \alpha_{i,\text{band}} \right) + \text{Lin}_{\text{band}} - \text{Lout}_{i,\text{band}} \tag{7-19}$$

式中，$\text{SW}_{i,\text{band}}$ 为太阳短波辐射（W/m²）；$\alpha_{i,\text{band}}$ 为冰面反照率；Lin_{band} 为大气长波辐射（W/m²）；$\text{Lout}_{i,\text{band}}$ 为冰面向上的长波辐射（W/m²）。

反照率是能量计算过程中的一个重要参数，冰川表面的积雪反照率受雪龄、雪密度、液态水含量等影响，冰川表面雪的反照率计算采用 VIC 模型自带的积雪反照率方案。

与雪相比，冰川冰的反照率相对较低，本书采用蒋熹等（2008）提出的计算方案

$$\alpha_{\text{ice}_{i,\text{band}}} = 0.324 - 0.018 T_{\text{band}} \tag{7-20}$$

式中，$\alpha_{\text{ice}_{i,\text{band}}}$ 为冰川冰的反照率。

在积雪向冰面的演变过程中，为了保证反照率数值是连续的，本书借鉴 Brock 等（2000）的处理方法，引入一个关于雪深 d 的函数

$$\begin{cases} \alpha_{i,\text{band}} = \alpha_{\text{snow}_{i,\text{band}}}, & S_{i,\text{band}} \geq S^* \\ \alpha_{i,\text{band}} = \alpha_{\text{snow}_{i,\text{band}}} \left[1 - e^{-S_{i,\text{band}}/S^*} \right] + \alpha_{\text{ice}_{i,\text{band}}} e^{-S_{i,\text{band}}/S^*}, & 0 \leq S_{i,\text{band}} < S^* \end{cases} \tag{7-21}$$

式中，$S_{i,\text{band}}$ 为冰川表面积雪的雪水当量（mm）；S^* 为雪水当量的一个特征值，取值为 24mm。

向上的长波辐射，可以根据冰面温度计算获得

$$\text{Lout}_{i,\text{band}} = \varepsilon_s \sigma \, (\text{TS}_{i,\text{band}} + 273.15)^4 \tag{7-22}$$

式中，ε_s 为冰的比辐射率（设置为 1）；$\text{TS}_{i,\text{band}}$ 为冰川表面的温度（℃）；冰川表面温度采用 VIC 模型自带的迭代计算获得（Brent，1973）。

B. 湍流方案

感热和潜热采用稳定度修正的块体空气动力学法，该方法被广泛应用于冰川表面的湍流交换计算中。冰川表面的感热和潜热可表示如下

$$H_{i,\text{band}} = \rho_{\text{air}} u_0 C_H C_p \, (T_{\text{band}} - \text{TS}_{i,\text{band}}) \tag{7-23}$$

$$\text{LE}_{i,\text{band}} = \rho_{\text{air}} u_0 C_E L \, [q_{\text{band}} - q_{\text{sat}} \, (\text{TS}_{i,\text{band}})] \tag{7-24}$$

$$\tau = \rho_{\text{air}} u_0 C_D u_0^2 \tag{7-25}$$

式中，u_0 为模型计算单元的平均风速（m/s）；ρ_{air} 为空气密度（kg/m³）；T_{band} 为冰面的气温（0℃）；q_{band} 为大气比湿；$q_{\text{sat}} \, (\text{TS}_{i,\text{band}})$ 为冰面温度下的饱和比湿；C_D、C_H 和 C_E 分别是动量拖曳系数、热量和水汽输送系数，可表示如下

$$C_D = \frac{k^2}{\left[\ln\left(\dfrac{z}{z_{0m}}\right) - \psi_M\left(\dfrac{z}{L}\right)\right]^2} \tag{7-26}$$

$$C_H = \frac{k^2}{\left[\ln\left(\dfrac{z}{z_{0m}}\right) - \psi_M\left(\dfrac{z}{L}\right)\right]\left[\ln\left(\dfrac{z}{z_{0t}}\right) - \psi_H\left(\dfrac{z}{L}\right)\right]} \tag{7-27}$$

$$C_E = \frac{k^2}{\left[\ln\left(\dfrac{z}{z_{0m}}\right) - \psi_M\left(\dfrac{z}{L}\right)\right]\left[\ln\left(\dfrac{z}{z_{0q}}\right) - \psi_E\left(\dfrac{z}{L}\right)\right]} \tag{7-28}$$

式中，k 为卡曼常数（0.4）；L 为莫宁-奥布霍夫长度；ψ_M、ψ_H 和 ψ_E 分别为稳定度 Z/L 的动量、热量和水汽的通用普适函数，在中性层结下 ψ 为 0，在大气层结稳定时采用 Holtslag 和 Bruin（1988）方案计算 ψ_M 和 ψ_H，并且假定 $\psi_H \approx \psi_E$（Forrer and Rotach，1997；Andreas，2002），大气层结不稳定时采用 Businger-Dyer 普适函数参数化方式。从式（7-26）、式（7-27）和式（7-28）可以看出，由于 z 远小于 L 的值，ψ_M、ψ_H 和 ψ_E 影响作用较小。

为了表征大气稳定性状态，采用理查逊数 Ri_b 来进行表达，当 Ri_b 为较大负值时，表示大气处于不稳定状态；当 Ri_b 为较大正值时，表示大气处于稳定状态；当 Ri_b 接近于 0 时，表示大气处于中性层结状态。Ri_b 可由下式表示

$$\text{Ri}_b = \frac{g \, (T_{\text{band}} - \text{TS}_{i,\text{band}}) \, (z - z_{0m})}{T_{\text{band}} u^2} \tag{7-29}$$

式中，g 为重力加速度，值为 9.8m/s²；z_{0m}、z_{0t} 和 z_{0q} 分别为地表动量（m）、热量（m）和水汽粗糙度（m）。当大气层结处于近中性条件下，z_{0m} 可表示如下

$$z_{0m} = \exp\left(\frac{u_0 \ln z}{u_0}\right) \tag{7-30}$$

式中，z 为风速观测高度。

z_{0t} 和 z_{0q} 采用 Yang 等（2002）提出的参数化方案

$$z_{0t,q} = \frac{70v}{u_*} \exp\left(-\beta u_*^{1/2} \left|\frac{H_{i,\text{band}}}{\rho_a C_p}\right|^{1/4}\right) \tag{7-31}$$

式中，u_* 为摩擦风速（m/s），可根据观测的风速计算获得；β 为系数 $[7.2\ \text{s}^{1/2} / (\text{m}^{1/2}\ \text{K}^{1/4})]$；$v$ 为空气动力学黏性系数，可由下式计算

$$v = 1.325 \times 10^{-5} \left(\frac{P}{P_{\text{band}}}\right) \left(\frac{T_{\text{band}} + 273.15}{273.15}\right)^{1.754} \tag{7-32}$$

式中，P 为标准大气压（$1.013 \times 10^5\,\text{Pa}$）；$P_{\text{band}}$ 为冰川区的大气压（Pa）。

C. 降水传递的热量

降水传递的热量可用下面公式计算

$$QP_{i,\text{band}} = \rho_w c_w R_{\text{band}} (T_{\text{band}} - TS_{i,\text{band}}) + \rho_i c_i S_{\text{band}} (T_{\text{band}} - TS_{i,\text{band}}) \tag{7-33}$$

式中，ρ_w、ρ_i 分别为水和冰的密度；R_{band}、S_{band} 分别降雨和降雪的质量（kg）；c_w、c_i 为冰和水的热容。

D. 冰下热传导

很多研究都表明冰下热传导很小，但是如果忽略该分量，也可能会造成一定的系统偏差。根据研究，当冰川表面无积雪时，冰下热传导量在 $0 \sim 5\,\text{W/m}^2$（Hock and Holmgren，1996），为此在夏季消融期（7 月 1 日 ~ 9 月 1 日），按照线性插值将 $0 \sim 5\,\text{W/m}^2$ 按照时间推移设置到模型每个时间步长上，其他时段设置为 $0\,\text{W/m}^2$。

7.3.4.2 冰川动力模型

目前，国际上对单条冰川在气候变化的动力响应过程主要采用冰流动力模型（the ice-flow model）进行模拟，这一方法已在全球数十条冰川上得到成功应用，但动力模型结构复杂且需要冰川诸多参数进行输入，限制了模型在流域或区域尺度中的应用。冰川面积-体积统计关系早期主要用于冰川储量的估算，最近一些研究者在区域或流域尺度的冰川动态变化过程模拟和径流预估研究中也尝试采用这一统计关系，该方法简单易行，因此，本书对于冰川面积动态变化也采用该方案。

对于每个模型计算单元内的每条冰川的面积变化，根据模拟的每条年冰川物质平衡情况，在每年的 9 月 30 日采用冰川面积-体积关系来计算每条冰川面积的变化情况，具体公式如下

$$D_t = c \times A_t^{\gamma - 1} \tag{7-34}$$

$$A_{t+1} = A_t \times \left(1 - \frac{\text{Mass} \times 10^{-6}}{D_t} \cdot \frac{1000}{\rho_{\text{ice}}}\right)^{\frac{1}{\gamma - 1}} \tag{7-35}$$

式中，D_t、A_t 分别为前一时刻冰川的厚度（km）和面积（km²）；A_{t+1} 为下一时刻冰川的面积（km²）；ρ_{ice} 为冰川冰的密度（900kg/m³）；c、γ 为经验系数（$c = 0.0433$，$\gamma = 1.290$）；Mass 为冰川物质平衡量（mm）。

当冰川面积减少时，相应减少的是最低海拔带的冰川；当冰川面积增加时，也是优先增加有冰川覆盖处的最低海拔带的冰川，直至达到该高程带的最大冰川覆盖面积。每个高程带最大面积是根据过去的冰川分布进行确定

$$A_{\max_{i,\mathrm{band}}} = A_{i,\mathrm{band}}, \quad A_{i,\mathrm{band}} > 0.0 \ \text{和 band} > 0 \tag{7-36}$$

式中，$A_{\max_{i,\mathrm{band}}}$ 为模型计算单元内第 i 条冰川第 band 个高程带最大可能的冰川面积；$A_{i,\mathrm{band}}$ 为早期/初始的该高程带的冰川面积；band>0 表示非最低有冰川分布的高程带。

7.4 冰冻圈流域水文模型开发

基于中国西部寒区的 4 个实验小流域（天山科其喀尔、祁连山葫芦沟、长江源冬克玛底和风火山）长期观测与研究结果，特别是基于祁连山葫芦沟小流域的寒区流域水文系统监测网络（Chen et al.，2014b），获取了适合中国高海拔寒区流域的一些参数和经验公式（陈仁升等，2014），并构建了综合冰冻圈全要素的流域水文模型（cryospheric basin hydrological model，CBHM）（图 7-6）。

图 7-6 CBHM 模型界面

该模型较好地囊括了不同时间尺度的气象因子空间插值方法、固液态降水分离及观测误差校正方法、高寒区典型植被截留和蒸散发过程、简单冰川面积、体积和融水径流算法、风吹雪及积雪消融过程、冻土水热耦合过程及冻土面积估算方法等。模型综合了坡面汇流和河道河流两种方案，合理地处理了寒区流域的汇流问题。模型总体框架如图 7-7 所示。考虑到中国高寒区观测数据较少，模型输入变量较少（基本为降水、气温和蒸发及土壤数据、植被数据等常规变量）。模型采用并行计算方法，可在一般台式计算机上良好运转。模型模块化设计，输入输出方便、多样，采用简单、实用的 Matlab 语言编制，可脱离 Matlab 平台安装和使用，源代码开放。该模型应该是目前最适合中国高寒区流域的分布式水文模型，已经公开共享，有兴趣者可直接查询相关情况。

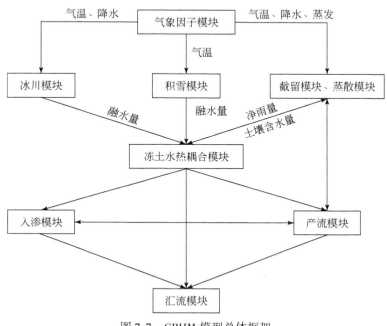

图 7-7　CBHM 模型总体框架

7.4.1　气象因子模块

（1）气象因子空间化

降水、气温、E601 水面蒸发等数据的空间化，可直接使用流域栅格数据，也可利用站点数据选用多种空间插值方法，如 IDW（inverse distance weighte）、最近距离、泰森多边形法等。在山区流域，站点气象要素与地形相关性较好的情形下，可采用要素与海拔（H），经度（λ）和纬度（φ）的相关关系来讨论要素空间分布情况，公式如下

$$T=a \cdot \varphi + b \cdot \lambda^2 + c \cdot \lambda + d \cdot H + e \tag{7-37}$$

式中，T 为气温，（℃）；a、b、c、d 和 e 为经验参数。在中国，式（7-37）计算的月均气温与实测值相关关系的 R^2 大于 0.95（Chen et al., 2006）。

（2）降水固液态分离及修正

冰冻圈流域降水一般伴随着固态降水，因此，首先要进行降水输入的固液态分离。利用气温临界值的方法（康尔泗等，1999）可以将日降水分离为液态降水和固态降水。Chen 等（2014a）根据中国 643 个气象台站共 1 364 405 次降水事件得到了气温临界值的空间分布，并发现气温临界值在全国范围内变化很大，高海拔地区有较大值，如在黑河上游流域，月气温临界值大约为 2.0℃。

由于受到空气动力损失、蒸发损失以及浸润损失等作用的影响，实际观测到的降水量明显少于真实降水量（Yang et al.，1999）。因此，需要对观测到的降水量进行修正。Chen 等（2014a）在葫芦沟小流域针对不同防风措施下的中国标准雨量筒开展了为期 5 年的降水量观测对比，分别得到了不同降水类型情况下中国标准雨量筒的捕捉率与风速的关系。由于风速数据较少，难以得到准确的风场，进而又影响到捕捉率与风速的关系式方程在黑河上游流域的应用。根据陈仁升等（2014）在葫芦沟小流域的实验结果，降雨事件经验修正系数值可以取 1.04，降雪事件经验修正系数值可以取 1.33，这些经验修正系数可直接用来修正该区域的降水数据。

7.4.2 冰川模块

冰川边界具有不规则性，中国 70% 的冰川（35 335 个冰川）面积小于 1km²。因而，用 1km² 大小的栅格单元作为一个水文单元可能导致较大的融水径流误差，在 CBHM 模型中，每个冰川被看做一个子流域，其融水径流在冰川末端汇集后汇入河道。

以黑河流域为例，由于黑河上游多数冰川面积小于 0.5km²，因而每个冰川仅被分为积累区和消融区，而不是根据每个时间步长的临界气温将冰川划分为多个区域。时间步长可以是一个月，临界气温为 0℃。

可以通过式（7-37）来计算冰川末端的月平均气温，冰川月 0℃线处的海拔（H_0）估算公式如下

$$H_0 = \frac{0 - T_{\text{terminus}}}{\text{TLR}} + H_{\text{terminus}} \tag{7-38}$$

式中，H_{terminus} 为冰川末端的海拔（m）；TLR 为黑河上游气温的递减率（负值，℃/km），可参照 Chen 等（2014a）的相关研究，月 TLR 的变化幅度为 -6.0 ~ -4.9℃/km，年平均值为 -5.6℃/km（1960 ~ 2013 年）。

基于 H_0 和冰川地形，每个月划分冰川的积累区和消融区，该方法可以被称为可变的平衡线法。

降水在冰川积累区积累，冰川仅在消融区消融，降水是冰川径流的直接来源之一，因而可以利用度日模型估算消融区的冰雪融水径流（R_{glacier}）

$$R_{\text{glacier}} = \text{DDT}_{\text{snow}}\left(T_{\text{albation}} - 0\right) + \text{DDT}_{\text{glacier}}\left(T_{\text{albation}} - 0\right) \tag{7-39}$$

式中，T_{albation} 为消融区月平均气温（℃）；DDT_{snow}、$\text{DDT}_{\text{glacier}}$ 分别为降雪和冰川的度日因子 [mm/（℃·d）]，根据 2009 ~ 2013 年葫芦沟流域十一冰川 21 个花杆的观测（Chen et al.，2014b），$\text{DDT}_{\text{glacier}}$ 约为 5.9mm/（℃·d）（陈仁升等，2014），基于葫芦沟流域的积雪水文观测，DDT_{snow} 约为 5.6mm/（℃·d）（Chen et al.，2014b；陈仁升等，2014）。

随着暖季冰川的融化，冰川消融区厚度变薄，冰川平均厚度也相应变小。冷季，冰川厚度由于冰川积累而加厚

$$D_i = \frac{A_{\text{abl},i}}{A_i} D_{\text{abl},i} + \frac{A_{\text{acc},i}}{A_i} D_{\text{acc},i} \tag{7-40}$$

式中，A 和 D 为冰川面积（km^2）和厚度（km）；i 为第 i 条冰川；下标 abl 和 acc 分别为冰川消融和积累面积。

D 的变化将改变冰川体积

$$V_{i+1} = D_{i+1}A_i \tag{7-41}$$

Grinsted（2013）已经给出了冰川面积 A（km^2）与体积 V（km^3）之间的相关关系，该公式被中国第二次冰川编目采用（Guo et al.，2015）

$$V = 0.0433A^{1.29} \tag{7-42}$$

而新的冰川面积 A_{i+1} 应为

$$A_{i+1} = \left(\frac{V_{i+1}}{0.0433}\right)^{-1.29} \tag{7-43}$$

冰川面积的变化部分（$A_{i+1} - A_i$）也是冰川消融区的一部分，上述利用冰川体积 V 计算冰川面积 A 的方法也是描述冰川运动的一种简单方式。

7.4.3　积雪模块

中国多数地区的最大积雪深度小于 20cm（Li，1999），平均积雪深度低于 3cm（Che et al.，2008），黑河上游的最大积雪深度通常也低于 20cm。CBHM 模型中，利用度日因子模型计算黑河上游融雪径流，积雪消融的瞬时临界气温约为 0℃，对应的积雪消融度日因子约为 5.6mm/（℃·d）（陈仁升等，2014）。风吹雪主要在我国的东北、北疆及青藏高原的中部和西南地区出现，而祁连山区风吹雪却较鲜见，故在 CBHM 模型中不予考虑，但应该考虑其他地形遮蔽的影响。根据葫芦沟流域内 5 年的比对观测，改进 CBHM 模型中度日模型的气温为地表温度

$$T_f = \begin{cases} T_a, & h_0 \leq 0 \\ T_a + (T_{max} - T_{min})\ \sin h_0\ (1 - \sin^2\omega), & h_0 \geq \omega \ \text{和}\ \cos\varphi < 0 \mid 0 < h_0 < \omega \ \text{和}\ \cos\varphi \geq 0 \\ T_a + (T_{max} - T_{min})\ (\sin h_0 + \cos\varphi)\ (1 + \sin^2\omega), & h_0 > \omega \ \text{和}\ \cos\varphi \geq 0 \end{cases} \tag{7-44}$$

式中，T_a、T_f 分别为每小时气温（℃）、地表温度（℃）；T_{max}、T_{min} 分别为日最高、最低气温（℃）；h_0 为太阳高度角（°）；ω 为坡面坡度（°）；φ 为坡面坡度与太阳方位角的差（°）。

$$R_{snow} = DDT_{snow}\ (T_f - 0) \tag{7-45}$$

式中，R_{snow} 为积雪消融量（mm）；DDT_{snow} 为积雪消融度日因子 ［mm/（℃·d）］。

7.4.4　植被截留及蒸散

植被截留参考根据 SWAT 模型（Arnold et al.，1998）和 DWHC 模型（Chen et al.，2007）的方法。在黑河上游葫芦沟流域内观测到的 4 种常见灌木（高山柳、沙棘、鬼箭锦鸡儿、金露梅）的饱和截留能力为 2.0mm（陈仁升等，2014）。

对于缺乏详细植被参数资料的流域，模型设计了一套蒸散发简化计算方法，即在一个计算单元内，首先计算土壤（裸地）和植被的分布面积，然后单独计算土壤蒸发和植被蒸腾。

（1）土壤蒸发

土壤蒸发系水面蒸发量 E_0 和土壤有效液态含水量（液态含水量 θ_l 与残余含水量 θ_r 之差）的函数。水面蒸发的大小反映了实际蒸发能力，有效液态含水量表征可蒸发的水量。当土壤液态含水量小于土壤残余含水量时，不发生土壤蒸发过程

$$E'_s = aE_0 \ (\theta_l - \theta_r) \tag{7-46}$$

$$E_s = \min \ \{E'_s, \ \max \ [0, \ (\theta_l - \theta_r) \ z_1]\} \tag{7-47}$$

式中，θ_l 为土壤液态含水量（小数）；θ_r 为土壤残余含水量（小数）；E_0 为水面蒸发量（mm）；E_s 为土壤蒸发量（mm）；z_1 为表土壤厚度（mm）；a 为土壤蒸发调整系数。

（2）植被蒸腾

植被蒸腾是水面蒸发量 E_0、植被实际截留蒸发量 VE、土壤液态含水量 θ_l、枯萎含水量 θ_{wilt} 和叶面积指数 LAI 的函数。水面蒸发量与植被实际截留蒸发量之差（E_0−VE）反映了经植被截留蒸发以后的实际蒸发能力，植被蒸腾只能是液态含水量。当土壤液态含水量小于土壤枯萎含水量时，植被不进行蒸腾过程。叶面积指数反映了植被的类型和生长状况

$$E'_v = b \ (E_0 - VE) \ (\theta_l - \theta_{wilt}) \ LAI \tag{7-48}$$

$$E_v = \min \ \{E'_v, \ \max \ [0, \ (\theta_l - \theta_{wilt}) \ z_1]\} \tag{7-49}$$

单元格平均蒸散发与植被盖度有关

$$E = E_s \ (1 - V_{cov}) \ + E_v V_{cov} \tag{7-50}$$

式中，θ_l 为土壤液态含水量（小数）；θ_{wilt} 为土壤枯萎含水量（小数）；θ_r 为土壤残余含水量（小数）；E_0 为水面蒸发量；VE 为植被实际截留蒸发量（mm）；E_s 为土壤蒸发量（mm）；E_v 为植被蒸腾（mm）；E 为单元格蒸散发（mm）；z_1 为第一层土壤厚度（mm）；a 为土壤蒸发统一调整系数；b 为植被蒸腾统一调整系数；V_{cov} 为植被盖度（小数）；LAI 为叶面积指数。

7.4.5 冻土水热耦合模块

7.4.5.1 多年冻土冻结层计算

在寒区流域中，多年冻土冻结深度是计算水分活动层厚度的参数。CBHM 模型采用 Kudryavtsev 方法对模型格点多年冻土冻结深度进行模拟（王澄海等，2009）。该方法在考虑气温的基础上充分考虑积雪、植被、土壤含水量、土壤热性质等因素对活动层的影响。

由于气温的年内变化呈现波动形式，近似为余弦函数，公式如下

$$T_a \ (t) \ = \overline{T}_a + A_a \cos \ (2\pi t / P) \tag{7-51}$$

式中，$\overline{T}_a$ 为年平均气温（℃）；A_a 为年平均气温的振幅（℃），由年内月气温计算；P 为气温波动周期。

地温是气温经过积雪和植被衰减作用后的结果。因此，年平均地温 $\overline{T}_s$ 和年平均地温的幅度 A_s 可以表示如下

$$\overline{T}_s = \overline{T}_a + \Delta T_{sn} + \Delta T_{veg} \tag{7-52}$$

$$A_s = A_a - \Delta A_{sn} - \Delta A_{veg} \tag{7-53}$$

式中，ΔT_{sn}、ΔA_{sn}、ΔT_{veg}、ΔA_{veg} 分别为积雪和植被对温度的修正（℃）。通过以下公式计算

$$\Delta T_{sn} = A_a \left[1 - \exp\left(-Z_{sn}\sqrt{\frac{\pi}{P \cdot K_{sn}}} \right) \right] \tag{7-54}$$

$$\Delta A_{sn} = \frac{2}{\pi}\Delta T_{sn} \tag{7-55}$$

$$A_{veg} = A_a - \Delta A_{sn} \tag{7-56}$$

$$\overline{T}_{veg} = \overline{T}_a + \Delta T_{sn} \tag{7-57}$$

$$\Delta A_1 = (A_{veg} - \overline{T}_{veg}) \left[1 - \exp\left(-z_{veg}\sqrt{\frac{\pi}{K_{veg}^f - 2\tau_1}} \right) \right] \tag{7-58}$$

$$\Delta A_2 = (A_{veg} - \overline{T}_{veg}) \left[1 - \exp\left(-z_{veg}\sqrt{\frac{\pi}{K_{veg}^t - 2\tau_2}} \right) \right] \tag{7-59}$$

$$\Delta A_{veg} = \frac{\Delta A_1 \cdot \tau_1 + \Delta A_2 \cdot \tau_2}{P} \tag{7-60}$$

$$\Delta T_{veg} = \frac{\Delta A_1 \cdot \tau_1 + \Delta A_2 \cdot \tau_2}{P} \cdot \frac{\pi}{2} \tag{7-61}$$

式中，Z_{sn} 为积雪深度（m）；K_{sn} 为积雪热扩散率（m²/s）；Z_{veg} 为植被的高度（m）；$\overline{T}_{veg}$ 为植被对地温影响幅度的平均值（℃）；K_{veg}^f、K_{veg}^t 分别为冻结和融化时的热扩散率（m²/s）；τ_1、τ_2 分别为冷期和暖期的持续时间。

因此，土壤冻结深度处的年平均温度（$\overline{T}_z$）可以表示如下

$$T_{num} = T_s \cdot (\lambda_f + \lambda_t) / 2 + A_s \frac{\lambda_f + \lambda_t}{\pi} \left[\frac{\overline{T}_s}{A_s}\arcsin\frac{\overline{T}_s}{A_s} + \sqrt{\left(1 - \frac{\pi^2}{A_s^2} \right)} \right] \tag{7-62}$$

$$\lambda = \begin{cases} \lambda_f, & T_{num} < 0 \\ \lambda_t, & T_{num} > 0 \end{cases} \tag{7-63}$$

$$Z_c = \frac{2 (A_s - \overline{T}_z) \sqrt{\dfrac{\lambda PC}{\pi}}}{2A_z C + Q_L} \tag{7-64}$$

$$A_z = \frac{A_s - \overline{T}_z}{\ln\left(\dfrac{A_s + Q_L/2C}{\overline{T}_z + Q_L/2C}\right)} - \frac{Q_L}{2C} \tag{7-65}$$

多年冻土冻结深度

$$Z = \frac{2\,(A_s - \overline{T_z})\,\sqrt{\lambda \cdot P \cdot C/\pi} + Z_c Q_L \sqrt{\dfrac{\lambda P}{\pi C}} / \sqrt{\dfrac{\lambda P}{\pi C}} + Z_c}{2A_s C + Q_L} \tag{7-66}$$

式中，Z 为冻结深度（m）；A_s 为地表温度年变化幅度（℃）；$\overline{T_z}$ 为冻结深度处的年平均温度（℃）；λ、C 分别为土壤的热导率 [J/(m·s·℃)] 和热容量 [J/(kg·℃)]；Q_L 为相变潜热（J/kg）；P 为气温波动周期。

7.4.5.2　冻土水热耦合总方程

由于冻土的存在，寒区冻融过程均伴随土壤水的相变，进而影响土壤中热量、水分的传导。CBHM 模型冻土水热耦合计算参考 CoupModel 计算方程及参数化方案（Jansson and Moon，2001）。

土壤热传导方程如下

$$q_h = -k_{hs}\frac{\partial T_s}{\partial z} + C_w T_s q_w + L_v q_v \tag{7-67}$$

式中，q_h 为土壤内的热量传输（W/m²）；q_v 为水汽通量；q_w 为液态水通量；C_w 为水的比热；k_{hs} 为土壤热量传导系数 [J/(m·s·℃)]；T_s 为地温（℃）；z 为土壤深度（m）；L_v 为蒸发潜热（常温为 2465×10^3 J/kg）。

将能量守恒方程加入，便得到一般的热量流动方程

$$\frac{\partial(CT_s)}{\partial t} - L_f \rho_s \frac{\partial \theta_i}{\partial t} = \frac{\partial}{\partial z}(-q_h) - s_h \tag{7-68}$$

或

$$\frac{\partial(CT_s)}{\partial t} - L_f \rho_s \frac{\partial \theta_i}{\partial t} = \frac{\partial}{\partial z}\left(k_{hs}\frac{\partial T_s}{\partial z} - C_w T_s \frac{\partial q_w}{\partial z} - L_v \frac{\partial q_v}{\partial z}\right) - s_h \tag{7-69}$$

式中，L_f 为冻融潜热（值为 334×10^3 J/kg）；θ_i 为土壤固态体积含水量（%）；ρ_s 为土壤密度（kg/m³）；s_h 为土壤热源项；C 为土壤热容量 [J/(kg·℃)]。等式左边表征土壤感热和潜热随时间的变化。等式右边前三项与土壤热传导方程对应，表示土壤传导性和对流性，第四项表示土层热源交换。

7.4.5.3　土壤水热耦合方程参数化方案

土壤冻结状态分为 3 种，即完全冻结、未冻结和部分冻结。土壤温度大于 0℃ 时，一般认为土壤没有冻结，土壤含水量全为液态。当土壤低于临界温度阀值 T_f 时，可认为土壤完全冻结。土壤完全冻结，是指土壤内除残余含水量之外，其他水分为固态的状态。当地温介于 0℃ 和 T_f 之间时，土壤部分冻结（半冻结状态）。

（1）土壤导热系数

A. 非冻结土壤

当土壤处于非冻结状态时，通过以下公式分别计算有机质层和矿物质层土壤的导热系

数（下标 h_o 代表有机质层、h_m 代表矿物质层）

$$k_{h_o} = h_1 + h_2 \theta \tag{7-70}$$

式中，h_1、h_2 为经验系数；θ 为土壤体积含水量（%）。

$$k_{h_m} = 0.143 \left[a_1 \log \left(\frac{\theta}{\rho_s} \right) + a_2 \right] 10^{a_3 \rho_s} \tag{7-71}$$

式中，a_1、a_2 和 a_3 为经验系数；ρ_s 为土壤干密度（g/cm^3）。

B. 完全冻结土壤

当土壤完全冻结时，土壤的导热系数计算与未冻结有机质土壤相似，但包括一个二次方系数来反映冰对土壤传导的影响。公式如下

$$k_{ho,i} = \left[1 + h_3 Q \left(\frac{\theta}{100} \right)^2 \right] k_{ho} \tag{7-72}$$

式中，Q 为土壤中的热量比（%），计算公式见式（7-74）；h_3 为经验系数。

$$k_{hm,i} = b_1 10^{b_2 \rho_s} + b_3 \left(\frac{\theta}{\rho_s} \right) 10^{b_4 \rho_s} \tag{7-73}$$

式中，b_1、b_2、b_3、b_4 为经验系数。

C. 未完全冻结土壤

当土壤部分冻结时，即地温在 0℃ 和 T_f 之间时，土壤导热系数 k_h^* 计算公式如下

$$k_h^* = Q k_{h,i} + (1-Q) k_h \tag{7-74}$$

式中，$k_{h,i}$ 为完全冻结土壤的导热系数 [J/（m·s·℃）]；k_h 为未冻结土壤的导热系数 [J/（m·s·℃）]；Q 为冻结土壤水与总水量的质量比（%），计算公式如下

$$Q = -\frac{(E-H)}{L_f w_{ice}} \tag{7-75}$$

式中，E 为土壤中的总能量（J）；H 为感热（J）；L_f 为冻结潜热（J）；w_{ice} 为可冻结水量（mm）。

（2）土壤热容量

土壤热容量 C，计算公式如下

$$C = f_{solid} C_{solid} + \theta_{water} C_{water} + \theta_{ice} C_{ice} \tag{7-76}$$

式中，solid、water 和 ice 分别表征干燥土壤固体颗粒、水和冰；$f_{solid} = 1 - \theta_s$ 为土壤内矿物与有机质固体含量；θ_s 为孔隙度（%）。土壤固体颗粒比热为模型输入参数，模型参照 DWHC（Chen et al., 2007），在不考虑地温影响的情况下，对土壤固体颗粒比热进行估计。

土壤完全冻结时（地温小于 T_f），固态含水量为总含水量与残余含水量之差，液态含水量为残余含水量。当土壤没有冻结时，固态含水量为 0，液态含水量为总含水量

$$C = \begin{cases} C_{ice} \rho_i (\theta_{total} - \theta_r) + C_{water} \rho_w \theta_r + C_{solid} \rho_s (1-\theta_s), & T_s < T_f \\ C_{ice} \rho_i \theta_{ice} + C_{water} \rho_w \theta_{water} + C_{solid} \rho_s (1-\theta_s), & T_f \leqslant T_s \leqslant 0 \\ C_{water} \rho_w \theta_{total} + C_{solid} \rho_s (1-\theta_s), & T_s > 0 \end{cases} \tag{7-77}$$

式中，θ_{total} 为土壤总含水量（%）；θ_r 为残余含水量（%）；ρ_s 为土壤比重（g/cm^3）；ρ_w 为水的密度（g/cm^3）；ρ_i 为冰密度（g/cm^3）。与 Coupmodel 模型相同，CBHM 模型假定冰与

水的密度相等，不考虑冰-水转换造成的体积变化。

（3）土壤总能量

当土壤处于完全冻结状态时，完全冻结土壤层之间没有潜热发生，只有感热传导。此时，总能量 $Q_{\text{zong,tf}}$ 是潜热与感热的函数

$$Q_{\text{zong,tf}} = zC_f T_f - L_f w_{\text{ice}} \qquad (7\text{-}78)$$

式中，L_f 为冻融潜热（值为 334×10^3 J/kg）；w_{ice} 为可能的冻结水量（kg），即总含水量与残余含水量之差

$$w_{\text{ice}} = w - z\theta_r \rho_1 \qquad (7\text{-}79)$$

式中，w 为土壤水总量（kg）；z 为土壤厚度（m），ρ_1 为液态水密度（g/cm³）；θ_r 为残余含水量（%），使用以下经验公式计算

$$\theta_r = d_1 \theta_{\text{wilt}} \qquad (7\text{-}80)$$

式中，d_1 为常数（取值 0.5）；θ_{wilt} 为土壤枯萎含水量（%）。

半冻结状态和未冻结状态下

$$Q_{\text{zong}} = L_f w_{\text{ice}} \left(\frac{T_s}{T_f} \right)^{\left(\frac{\lambda d_3 + d_2}{d_2 d_3} \right)} + C_{\text{ice}} T_s \qquad (7\text{-}81)$$

式中，d_2、d_3 为系数，d_2 为接近于 0 的数字，取值 0.1，d_3 取值 10；λ 为土壤粒度分布指数；T_s 为地温（℃）；其他符合意义同上。

（4）感热和潜热转换以及地温变化

土壤感热变化会导致土壤中温度的变化

$$T = \frac{H}{C_f} \qquad (7\text{-}82)$$

式中，H 为感热；C_f 为冻结土壤的热容 [J/（kg·℃）]。而当土壤处于部分冻结状态时（当温度0℃到 T_f），即土壤水分发生相变，而此时感热不能被认为是土壤中的全部热量值 Q_{zong}，其关系用以下公式计算

$$H = Q(1 - f_{\text{lat}})(1 - r) \qquad (7\text{-}83)$$

式中，r 为根据凝固-温度曲线计算的冻结点，计算方法见式（7-84）；E 为土壤中的总热量（J）；f_{lat} 为冰的潜热和土壤总热量 E_f 的比值（%）。

凝固-温度低压下降依赖于土壤的结构，表现为在温度 T（当温度0℃到 T_f）时的热量 E 中的潜热量与在温度 T_f 时热量 E_f 中的潜热量的比率，公式如下

$$r = \left(1 - \frac{E}{E_f} \right)^{d_2 \lambda + d_3} \min\left(1, \frac{E_f - E}{E_f + L_f w_{\text{ice}}} \right) \qquad (7\text{-}84)$$

式中，d_2、d_3 为经验常数；λ 为孔隙度分布指数。

$$f_{\text{lat}} = \frac{L_f w_{\text{ice}}}{E_f} \qquad (7\text{-}85)$$

式中，L_f 为冻结或融化潜热（J）；E_f 为温度土壤总热量（J）；w_{ice} 为可冻结水量（kg），计算公式如下

$$w_{\text{ice}} = w - \Delta z \theta_{\text{lf}} \rho_{\text{water}} \qquad (7\text{-}86)$$

式中，w 为总水量；θ_{lf} 为残余含水量（%）；ρ_{water} 为水的密度（g/cm³）。

（5）土壤再冻结过程

当水在运动时，如果此时土壤的温度接近 0℃，就可能出现再冻结现象。土壤水在快流区的再冻结会导致大孔隙中慢流区和冰边界的变化，从而导致土层边界条件的变化。快流区的土壤水的再冻结可以看作水在快流区和慢流区的重新分配

$$q_{infreeze} = \alpha_h \Delta z \frac{T}{L_f} \tag{7-87}$$

式中，α_h 为能量转移系数；Δz 为土壤层厚度（m）；T 为土壤温度（℃）；L_f 为冻结潜热（J）。

（6）土壤含水量大小及相态变化

当土壤处于未冻结状态时，含水量全为液态含水量；当土壤处于完全冻结状态时，含水量全为固态含水量（残余含水量除外）；若土壤处于部分冻结状态时，使用以下公式计算固态含水量变化量

$$\theta_{ice,change} = \frac{Q_{zong,change}}{L_f z} \tag{7-88}$$

式中，$\theta_{ice,change}$ 为固态含水量质量变化（%）；$Q_{zong,change}$ 为土壤总能量变化（J）；z 为土壤厚度（m）。

在土壤初始固态和液态含水量已知的情况下，即可连续计算各层土壤的液态含水量和固态含水量。

（7）水力传导率

A. 饱和导水率

不同土壤类型的土壤饱和导水率 k_0 是模型的输入参数。在土壤不同冻结状态，土壤冰对土壤水分流动的阻滞作用不同。当土壤处于未冻结状态时，饱和导水率为 k_0；当土壤处于完全冻结状态时，饱和导水率为 0；当土壤处于部分冻结时，土壤饱和导水率不同，计算公式如下

$$k_0' = e^{-\frac{\theta}{\theta - \theta_{ice}}} \cdot k_0 \tag{7-89}$$

式中，θ 为土壤含水量（%）；θ_{ice} 为土壤含冰量（%）；k_0 为土壤饱和导水率（cm/d）。

B. 非饱和水力传导率

非饱和水力传导率是土壤水势（对应液态含水量）的函数，同时还受土壤结构和土壤饱和导水率的影响。

当土壤含水量 θ 小于含水量阀值 θ_m 时，有

$$k_w^* = k_{mat} \left(\frac{\psi - a}{\psi} \right)^{2 + (2+n)\lambda} \tag{7-90}$$

式中，k_{mat} 为饱和基质势传导率（cm/d），利用式（7-89）中计算的 k_0' 代替；n 为有关孔隙校正和径流路径扭曲的参数；λ 为土壤粒度分布指数；ψ 为水势（cm H₂O）；ψ_a 为进气压力（cm H₂O）。

为了说明大孔隙中的导水率，当含水量大于阈值 θ_m 时，要考虑额外的导水率，此时饱和导水率如下

$$k_w^* = 10 \left\{ \log \left[k_w^* \left(\theta_s - \theta_m \right) \right] + \frac{\theta - \theta_s + \theta_m}{\theta_m} \log \left[\frac{k_{sat}}{k_w^* \left(\theta_s - \theta_m \right)} \right] \right\} \tag{7-91}$$

式中，k_{sat} 为总饱和水力传导率（cm/d）；$k_w^* \left(\theta_s - \theta_m \right)$ 为当土壤含水量在 $\theta_s - \theta_m$ 时的导水率（cm/d）[即式（7-89）计算的结果]。

鉴于土壤基质势导水率等参数不易测量，模型中不直接考虑土壤内大孔隙的作用，仅用式（7-90）作为大孔隙中的导水率。

鉴于导水率均与温度相关，并与水的黏性有关，使用已经温度校正的饱和导水率（k_0'）代替饱和基质势导水率（k_w）

$$k_w = \left(r_{AOT} + r_{AIT} T_s \right) \max \left(k_w^*, k_{minuc} \right) \tag{7-92}$$

式中，r_{AOT}、r_{AIT} 和 k_{minuc} 为经验参数；其他参数同上。

7.4.6　入渗过程

非饱和带模块取决于非饱和带土壤含水量、水势、导水率及与饱和带的交换量。由于降水、蒸发、下渗等原因，非饱和带上部即根部区地土壤含水量波动较大，下边界随饱和含水层的变化而变化。

CBHM 模型使用一维 Richards 方程来反映土壤水分运动的基本规律，公式如下

$$\frac{\partial \theta}{\partial t} = \frac{\partial}{\partial z} \left[D(\theta, z) \frac{\partial \theta}{\partial z} \right] + \frac{\partial K(\theta, z)}{\partial z} - S(z) \tag{7-93}$$

式中，θ 为土壤体积含水量（%）；t 为时间；z 为土层厚度（m）；$D(\theta, z)$ 为非饱和导水率；$K(\theta, z)$ 为非饱和导水率（cm/d）；$S(z)$ 为土层间的源汇项（mm）。对于表层土壤，$S(z)$ 表示降水、蒸散发的源汇项。

初始条件：各土层土壤初始含水量已知

$$\theta = \theta_0, \ t = 0, \ z \geq 0 \tag{7-94}$$

随着入渗过程的进行，表层土壤含水量由初始的 θ_0 增大至某一值 θ_a（θ_a 应该接近而不大于饱和含水率），此时认为表层土壤水入渗是在重力作用下进行。在地表含水量梯度 $d\theta/dz$ 由大变小，当 t 足够大时 $d\theta/dz$ 趋向于 0，即

$$\theta = \theta_a, \ t > 0, \ z = 0 \tag{7-95}$$

$$\theta = \theta_a, \ t > 0, \ z = z_m \tag{7-96}$$

这样就确定了此方程的定解条件，重写入渗数学公式如下

$$\begin{cases} \frac{\partial \theta}{\partial t} = \frac{\partial}{\partial z} \left[D(\theta, z) \frac{\partial \theta}{\partial z} \right] + \frac{\partial K(\theta, z)}{\partial z} - S(z) \\ \theta = \theta_0, t = 0, z \geq 0 \\ \theta = \theta_a, t > 0, z = 0 \\ \theta = \theta_a, t > 0, z = z_m \end{cases} \tag{7-97}$$

式中，z_m 为不饱和含水层深度（m）；θ_0 为初始含水量（%）；θ_a 可近似为饱和含水量（%）。

式（7-97）使用有限差分法求解。使用差商近似代替微商，将土壤水分运动的偏微分方程变成差分方程。由初始边界进行求解。

7.4.7 产流模型

产流、入渗和蒸散发是流域地表过程中相互关联不可分割的 3 个重要水文过程。在水文模型中，无法同时描述这几个主要的水文过程，因此必须区分各水文过程发生时间的先后。随研究时间尺度的不同，这 3 个过程的重要性也不同，因此在水文模型中的描述次序互异。

本书先考虑地表产流过程，然后考虑表层入渗过程和表层土壤产流，再考虑蒸散发过程，之后考虑下一层及其以下土壤的入渗和产流过程。产流模型如下描述。

地表产流：首先判断到达地表的液态净水量（包含固态降水融化量，扣除植被截留液态水量），是否大于地表的饱和导水率，若大于，则产流，否则不产流

$$R_{\text{surface}} = \max\ (0,\ P_{\text{ground}} + R_{\text{snow}}\quad \text{or}\quad R_{\text{glacier}} - k'_0) \tag{7-98}$$

式中，R_{suface} 为地表产流量（mm）；P_{ground} 为到达地表的液态净水量（mm）；R_{snow} 为积雪融化量（mm）；R_{glacier} 为冰川融化量（mm）；k'_0 为经温度校正以后的饱和导水率（cm/d）[式（7-89）]。计算过程中，单位需统一。

表层土壤的壤中流：扣除地表产流量以后，剩余液态水分全部入渗到第一层土壤。此时，求取第一层土壤的液态含水量和固态含水量，并判断第一层是否有产流。第一层土壤产流的前提条件是液态含水量必须大于残余含水量，而且总含水量必须大于土壤孔隙度

$$R_1 = \max\left\{0,\ \begin{cases} 0, & \theta_{\text{l},1} \leqslant \theta_{\text{r},1} \\ [\theta_{\text{l},1} - (\theta_{\text{s},1} - \theta_{\text{solid},1})]\ z_1, & \theta_{\text{l},1} > \theta_{\text{r},1} \end{cases}\right\} \tag{7-99}$$

式中，R_1 为第一层土壤产流量（mm）；$\theta_{\text{l},1}$ 为第一层土壤液态水分含量（%）；$\theta_{\text{s},1}$ 为第一层土壤孔隙度（%）；$\theta_{\text{r},1}$ 为第一层土壤残余含水量（%）；$\theta_{\text{solid},1}$ 为第一层土壤固态含水量（%）；z_1 为第一层土壤厚度（m）。实际计算中，变量单位需一致。

根据第一层土壤的温度判断其冻结状态，计算第一层土壤和第二层土壤的水势。此时表层土壤的土壤热容、可能冻结水分含量和土壤总能量等土壤水热热参数。

计算第一层土壤和第二层土壤的水势（由液态水分造成），然后计算土壤实际导水率（第一层土壤和第二层土壤），判断液态水分运动方向和计算液态水分流量。

此时，计算经产流和下渗（或毛细水分上升）以后的第一层土壤的液态含水量和固态含水量，然后计算土壤蒸发和植被蒸腾量。模型假定植被根系均分布在第一层土壤内，即显式大叶模式。

根据第一层土壤此时固液态含水量情况，计算此时土壤热容量、导热系数和与地表之间的感热传导。然后计算第二层土壤在 T_1 温度时的热容量、可能冻结水分含量和总能量。计算第二层土壤的固液态含水量状况和导热系数，从而计算第一层土壤和第二层土壤之间的感热传导。根据第一层土壤与地表和第一层土壤与第二层土壤之间的感热传导，计算第一层能量的变化，从而计算第一层土壤地温的变化和第一层土壤此时的地温，再根据地温

判断第一层土壤固液态含水量的比例，从而完成一次完整的水热循环过程。其他土壤层土壤水热耦合过程依次类推。

如果下层土壤完全冻结或者土层深度大于多年冻土冻结层，则为隔水层。模型假定，模型中计算土壤层以下为隔水层，即模型不考虑深层地下水的作用。

同时模型还假定，下边界为隔热层，即假定在较深部地区，土壤温度变化幅度较小，最底层土壤仅仅与其上覆地层之间有热量交换。

7.4.8 汇流模块

CBHM 模型中流域汇流计算包括坡面汇流和河槽汇流两部分，坡面汇流由坡面漫流、壤中流汇流组成。

7.4.8.1 模型的若干假定

1）模型假定地表水力坡度与地下水力坡度一致，即假定栅格间坡面汇流与壤中流汇流坡度一致。

2）模型假定河流流量叠加不会引起的流速增加问题（即不考虑由于流量叠加引起的水面坡度大于河道坡度以及由此引起的动力波问题），即直接计算每个河道水流到达流域出口断面的时间，然后根据汇流时间叠加流量。

3）模型假定：不考虑不同汇流路径的深度、宽度、水力半径等的差别，即认为在两个栅格之间，汇流路径为平直路径。

4）模型在计算土壤饱和、非饱和水流时，假定在同一个栅格内导水率在各个方向数值相同。不考虑导水率的各向异性。

7.4.8.2 坡面汇流

（1）坡面漫流

模型中首先计算使用 D8 算法（deterministic eight-neighbors）（Fairfied and Leymarie, 1991）计算的栅格单元之间的坡度，确定坡面水流方向。以每个网格中心为起点，计算单元格水流流向、坡度等参数。

模型中假设坡面漫流均沿网格中坡度最陡的路径汇流。利用圣维南方程组的连续性方程和动量方程进行汇流计算，坡面漫流的一维方程如下

$$
\begin{cases}
\dfrac{\partial A}{\partial t} + \dfrac{\partial (Au)}{\partial x} = q_{\mathrm{L}} \\[2mm]
\dfrac{\partial h}{\partial x} = S_{\mathrm{ox}} - S_{\mathrm{fx}}
\end{cases}
\tag{7-100}
$$

式中，A 为过水断面面积（m^2）；h 为断面水位（m）；t 为时间；S_{ox} 为汇流坡度；S_{fx} 为摩擦比降；u 为流速；q_{L} 为蒸发、降水、侧向入渗及出流、河流与含水层之间交换的源汇项（mm）。利用 Manning-Stricker 公式用来计算流水阻力（钱宁和万兆惠，1983），使用隐式有限差分方法求解。

在坡面漫流中使用了 Stricker 粗糙系数，该系数影响模拟水文过程线的时间和形状。因此，在模拟过程中，需要对该参数进行率定。

在对 DEM 进行填充处理的基础上，计算每一栅格单元与其相邻的 8 个单元之间的坡度，按最陡坡度原则即 D8 原则，确定该单元的水流方向。

以每个计算单元中心点为起点，计算该单元格水流流向下一个单元格中心点的汇流时间：

$$t_{i,j} = \frac{l_i + l_j}{u} \tag{7-101}$$

式中，$t_{i,j}$ 为自第 i 个单元格中心点到第 j 个单元格中心点的汇流时间；l_i 为第 i 个单元格内的河道长度（m）；l_j 为第 j 个单元格内的河道长度（m）。

根据网格汇流时间，迭代计算在给定的时间单元内，到达流域出口的流量。模拟起始时间为所有单元格第一个时间单元坡面产流量都到达流域出口的时间，即最长单网格汇流时间，而不是模型计算的时间单元。一般情况下，坡面漫流一个计算时间单元内到达河流的量很小，大部分消耗于入渗。

（2）壤中流汇流

在饱和带中，水流满足能量守恒和质量守恒原理，因此，在模型中使用 Boussinesq 公式进行模拟（Kim et al.，2009），公式如下

$$S\frac{\partial h}{\partial t} = \frac{\partial}{\partial x}\left(K \cdot H \frac{\partial h}{\partial x}\right) + R \tag{7-102}$$

式中，S 为孔隙中的储水量（mm）；h 为水头（mm H$_2$O）；H 为饱和带厚度（m）；K 为饱和导水率（cm/d）（计算参见土壤水热耦合）；t 为时间；R 为饱和带垂直补给量（mm），由下式计算

$$R = \sum q - \frac{\partial}{\partial y}\int \theta dz \tag{7-103}$$

式中，$\sum q$ 为蒸散发、下渗等饱和含带源汇项（mm）；$\theta(z, t)$ 为非饱和带含水量（%）。方程使用有限差分求解。

7.4.8.3 河网汇流

河网汇流利用圣维南方程组的连续性方程和动量方程进行汇流计算，河道汇流一维方程为

$$\begin{cases} \dfrac{\partial A}{\partial t} + \dfrac{\partial Q}{\partial x} = q_L \\[2mm] -\dfrac{\partial Q}{\partial t} = \dfrac{\partial}{\partial x}\left(\beta\dfrac{Q}{A}\right) + gA\dfrac{\partial h}{\partial x} + gAS_f \end{cases} \tag{7-104}$$

式中，A 为过水断面面积（m^2）；t 为时间；x 为沿水流方向距离（m）；q_L 为单位长度旁侧流入流量（m^3/m）；Q 为流量（m^3/s）；h 为自由水位（m）；β 为动量校正系数；g 为重力加速度（m/s^2）；S_f 为比降。此方程使用隐式有限差分方法求解。

7.4.9　输入与输出

　　模型输入参数包括气象资料（如站点降水、E601 蒸发、气温，可以使用与 DEM 格网一致的数据集）、流域 DEM 数据、土壤类型空间分布、各种类型土壤的相关水热参数及各参数初始值，以及植被类型空间分布和其相关参数、流域土地利用图、叶面积指数分布图等。

　　模型输出参数包括径流量，流域中各格网随时间变化的气温、降水、潜在蒸发、实际蒸散发、积雪、冰川消融量、冰川面积、各土层土壤含水量，以及导水率、多年冻土冻结深度。同时也可以将流域内的冰川数量、冰川面积、冰川消融量、多年冻土面积等输出。

第 8 章　寒区流域尺度径流变化综合评估

寒区流域水文主要研究冰雪消融、冻土冻融过程及其融水和降雨经由各种寒区下垫面参与土壤冻融过程中的产流、入渗、蒸发及汇流等水的运动、转化和循环规律。独有的寒区下垫面类型、冰冻圈存在及贯穿于其中的能水循环过程是寒区流域水文过程的特色。尽管冰冻圈水文过程是寒区流域水文过程的主体，但寒区流域水文过程及水量平衡还涉及除冰川、冻土和积雪以外的其他下垫面，如高山寒漠、沼泽、草甸、森林、灌丛、草原等，这些下垫面的蒸发、入渗和产汇流与冰冻圈特别是积雪和冻土水文过程息息相关。全球变暖不仅直接影响冰冻圈水文过程，而且影响与此有关的其他下垫面的水文过程，从而影响整个寒区流域的水文过程。因此，需要将寒区流域作为一个整体来系统评估气候、植被和冰冻圈共同变化的综合影响。

8.1　过去 50 年径流变化特征

在我国西部尤其内陆干旱区，水资源是社会经济发展的关键因素。西部山区存在丰富的冰川、积雪、冻土等固态水资源，且降水相对丰富，是西部大多数河流的发源地，是水资源的重要形成区，高山寒区径流变化将直接影响其社会经济活动（丁永建等，2007）。

据我国西部 96 个水文站自建站以来（1960～2012 年）的实测径流数据（丁永建等，2017b），西部地区年径流变化趋势主要存在两个明显分区，分界线大致位于河西走廊黑河双树寺水库—青海湖东部—黄河唐乃亥水文站一线（丁永建等，2017b），该线以西的山区河川径流基本呈增加趋势，该线以东径流则呈总体减少趋势，这基本反映了多年来季风（高原和东亚）和西风这两种不同水汽来源对西北地区流域河川径流的综合影响（图 8-1），具有明显的区域性空间分布特点。

1）东亚季风影响区。包括青海省青海湖以东、甘肃省黑河流域双树寺水库以东、陕西、宁夏等地，属东亚季风边缘带，其降水主要受东亚季风气候系统影响。近 50 年来，该区年径流量均呈减少趋势，其中邻近高原季风区的河川径流减少趋势总体不显著，其他地区年径流量呈显著减少趋势，特别是石羊河流域、洮河流域和渭河流域等。

2）高原季风区。主要为青海省青海湖以西地区。该区河川径流近 50 年来呈增加趋势，其中靠近东亚季风区的河川径流增加趋势不显著。

3）西风带影响区。包括新疆、甘肃黑河流域双树寺水库以西地区以及内蒙古西部，其降水主要受西风环流影响，河流多为内陆河。近 50 年来，该区出山径流量总体呈增加趋势，而在中下游的荒漠和绿洲区则呈减少趋势，但多数不显著，说明该区用水形式尚未恶化。

在高寒河源区，降水量变化直接影响河川径流，气温变化则通过影响冰冻圈变化进而影响河川径流变化，近年来高寒区大规模生态治理也会在一定程度上影响河川径流的变化。近50年来，尽管冰冻圈和植被的波动变化使高寒区河川径流年际和年代际变化较为复杂，但总体仍受区域气候变化的影响。径流的年际变化在季风带、西风带和水汽交汇区存在明显的差异，呈现一定的区域性空间分布规律。交汇区是指西风、东亚季风和高原季风影响区的交汇地带，中心点大约在黑河流域（丁永建等，2017b）。丁永建等（2017b）给出了各分区代表性河流年平均流量的年际变化及平均模比差积曲线（模比系数为年流量与多年平均流量的比值；以年模比系数系列数据作差积曲线，即为模比差积曲线）。根据丁永建等（2017b）的研究可知，西风带径流呈现明显的增加趋势，季风区径流呈现明显减少趋势，而交汇区河川径流变化趋势不显著；3个分区典型河流年际变化在不同年代具有相反或一致的峰谷变化，但总体并不一致。从模比差积曲线看，3类模比差积曲线在不同年代呈现两两相反或相同的波动趋势。总体看，西风带和交汇区呈现相反趋势，但在1960年左右有相近的波动变化；西风带和季风区在1985年前有相似波动，但在1970年前和1980年左右以及2002年后存在相反变化趋势；交汇区和季风区总体呈现相反波动，但20世纪60年代和1990年左右也存在相似波动变化。这种明显的径流年际变化异同也在一定程度上反映了不同水汽来源强度的年代际变化及其影响程度的异同。

西部山区多数河流年径流变化具有明显的突变点（突变年）。这些突变点之后，径流变化可分为4种类型（丁永建等，2017b）。

1）径流增加且显著。主要分布于西风影响区。新疆径流增加突变点主要发生于1990年左右，甘肃河西走廊及其附近区域径流增加突变点基本出现在1980年左右。

2）径流增加但不显著。主要分布于西风影响区。山区径流突变点主要出现于2000年后，干旱地区则主要出现在20世纪60~70年代。

3）径流减少且显著。在季风影响区河流的中下游地区，主要出现在20世纪90年代中期。在西风带南疆地区则主要出现在1975年左右。

4）径流减少但不显著。主要分布在西风带和季风区邻近山区，突变年缺乏一致性；部分山区站点径流也持续减少，如黑河祁连山区扎马什克水文站。

综合上述，近50年来，中国西部主要河源区河川径流变化主要受西风、东亚季风和高原季风等不同水汽来源的影响，其年际变化及变化趋势具有明显的区域性。河西走廊黑河东部—青海湖东部—黄河唐乃亥水文站一线以西地区，河源区径流呈现增加趋势；该分界线以东地区，河源区径流则主要呈减少趋势。西北地区多数河流年径流变化具有明显的突变点。这些突变年之后，径流的变化可分为4类：① 径流增加且显著，主要分布于西风带影响区；② 径流增加但不显著，主要分布于西风带影响区；③ 径流减少且显著，主要分布于季风和西风带影响区河流的中下游地区；④ 径流减少但不显著，主要分布在季风和西风带影响区的邻近山区。

8.2　降水和蒸散发变化对径流的影响

降水和蒸散发是水量平衡中最为重要的两个要素，是流域水量平衡的主要收入和支出项。本节主要对气候变化大背景下的重要因素降水和蒸散发变化对流域径流的影响进行分析。

8.2.1 过去 50 年西部降水和蒸散发变化特征

气候因子中降水是影响西部高寒区河川径流变化的主要因素。自 20 世纪 60 年代到 2010 年，中国西北地区西风带和高原季风影响区降水量基本呈增加趋势，在高海拔地区，这种增加趋势尤为显著；东亚季风区，特别是甘肃东部、宁夏和陕西全区，年降水量总体呈现减少趋势；季风区和西风带交汇的河西走廊区域，降水空间变化差异较大，在西北部部分低海拔站点降水呈现减少趋势，但总体上降水变化相对较小；西风带和高原季风影响区降水变化相对较大，尤其是南亚季风影响的高原区域降水增加明显，其次新疆的东南部和最北部降水变化也相对较大（图 8-1）。总体看，西北主要河源区降水量增加显著，降水趋势变化的分界线与径流趋势变化的分界线（丁永建等，2017b）基本一致，降水全面影响西北河川径流的变化。

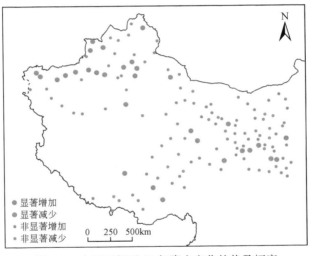

图 8-1 中国西部近 50 年降水变化趋势及幅度

地表蒸散发是土壤–植物–大气连续水量平衡和能量平衡的关键参量，同时也是气候变化研究的重要指标。地表蒸散发与地区的气候条件、下垫面情况相关，主要受太阳辐射、气温、相对湿度、风速及降水等气象因子的影响。图 8-2 给出了模型模拟的我国西部气象站处的 20 世纪 60 年代到 2010 年实际蒸散发变化趋势，我国西部 80% 以上站点的蒸散发呈现上升趋势，实际蒸散发与潜在蒸散发的变化趋势相反（Liu et al.，2012）。在西风带控制区和高原季风区，蒸散发变化趋势与降水变化趋势基本一致，这主要是由于我国西部降水量总体相对较小，实际蒸散发量与降水量呈正相关关系，即实际蒸散发量受控于水分供应（图 8-3）；在东亚季风强烈的陕西东南部及甘肃东南部，以及受南亚季风影响较大的青藏高原雅鲁藏布江大拐弯处，由于这些区域降水量相对较大，蒸散发并不受供水条件限制，而受其他气象要素如辐射和风速等影响因素影响潜在蒸散发量，蒸散发和降水量相关性呈现弱的正相关性或负相关（图 8-3）。

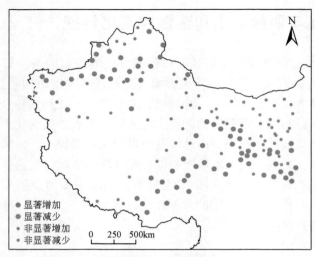

图 8-2　中国西部近 50 年蒸散发变化趋势

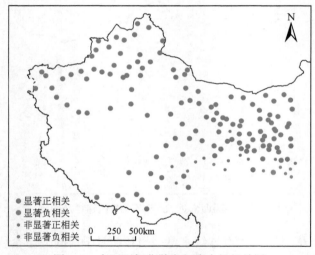

图 8-3　中国西部蒸散发与降水量相关图

8.2.2　降水及蒸散发变化对流域径流过程的影响

过去 40 年我国西部降水和蒸散发均呈现上升趋势，在此背景下，河川径流如何变化？为此本书选择了西部几个寒区流域来分析降水和蒸散发变化对河川径流的影响。

（1）天山山区的呼图壁河及库车河

天山山区的河流主要受西风带影响，选择冰川径流贡献率低的天山北坡的呼图壁河（冰川径流贡献率：6.2%）及南坡的库车河（冰川径流贡献率：2.5%）流域进行分析。

1971～2013 年，天山北坡和南坡的年降水量都呈现明显增加趋势，天山北坡的降水量增加幅度要大于南坡；尽管流域蒸散发量也呈明显增加趋势，但降水量的增加幅度要大于蒸散发量的增加幅度，因而天山山区冰川融水比例较小的流域的径流呈增加趋势（图 8-4）。

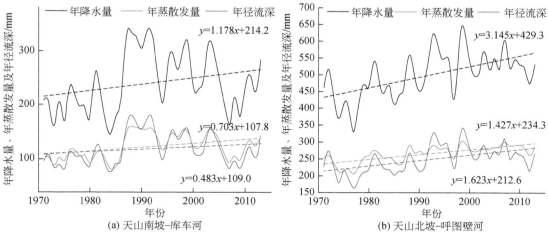

图 8-4　天山的库车河和呼图壁河降水、蒸散发及径流深变化趋势

（2）祁连山区的黑河及疏勒河

在祁连山区，本书选择了西风和季风交汇区的黑河流域及主要受西风影响的疏勒河流域。近 40 年，黑河和疏勒河流域降水量呈增加趋势，其中黑河流域降水增加幅度要大于疏勒河流域，这与图 8-1（a）表现出来的结果也较为一致；两个流域蒸散发量也表现出增加趋势，干旱的疏勒河流域蒸散发量增加趋势更为明显；从降水和蒸散发量增加趋势来看，由于降水的增加，祁连山两个流域的径流都表现出增加趋势；疏勒河流域蒸散发增加幅度较大，降水和蒸散发量都增加情况下，降水径流增加趋势不明显，疏勒河的径流增加应受冰川加速消融的影响较大（图 8-5）。

（3）青藏高原的长江及雅鲁藏布江源区

青藏高原的大河源区大多数河流受高原季风的影响，也有研究指出青藏高原西部的雅鲁藏布江可能受西风带的南支影响（丁永建等，2007）。为此本书选择青藏高原的长江源区（直门达水文站以上）及雅鲁藏布江（奴下水文站以上）来分析降水和蒸散发量变化对青藏高原的河川径流影响。长江源区和雅鲁藏布江源区的降水和蒸散发量都呈现上升趋势，由于降水量增加幅度要高于蒸散发量，所以径流表现出增加趋势（图 8-6）。此外长江源与雅鲁藏布江的降水波动不一致，呈现一个反向位的波动，并且雅鲁藏布江源的降水多数年份与天山山区的降水呈现一个正向位的波动（图 8-4 和图 8-6），这也间接表明雅鲁藏布江源区可能受西风带的影响。

近 40 年来，中国西部西风带和高原季风控制区域降水量和蒸散发量呈现增加趋势，但降水增加幅度要大于蒸散发的增加幅度，这使得这些区域的河道径流总体表现出增加趋势，冰川融水比例较大的流域，流域总径流增加幅度更大。

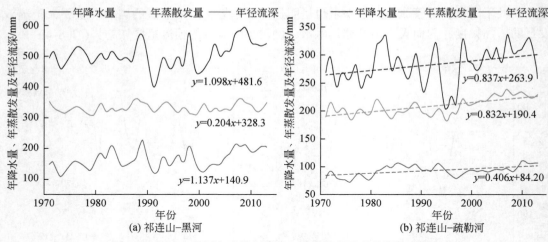

图 8-5　祁连山黑河和疏勒河降水、蒸散发量及径流深变化趋势

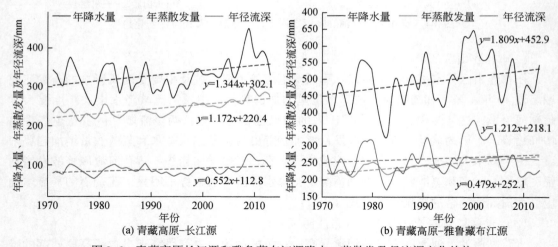

图 8-6　青藏高原长江源和雅鲁藏布江源降水、蒸散发及径流深变化趋势

8.3　下垫面水文功能及其变化对寒区径流的影响

高寒山区下垫面主要由森林、灌丛、草地、沼泽、寒漠、冰川等组成，各下垫面类型对流域水循环、径流形成过程及变化等有重要影响。降雨及冰雪融水等经过不同下垫面的耗水及产汇流过程，最终汇集河道形成流域径流。寒区流域的径流及其变化是流域降水经过复杂下垫面影响、调节后的结果。由于不同流域下垫面的生物学、气候学特性存在差异，其截留过程、耗水、生长土壤的物理化学特性以及对流域水文过程的影响不同，由此形成了不同的水文功能及径流调节能力。了解寒区不同下垫面的水量平衡特征

及其对流域产汇流过程的影响，对于流域生态恢复及水文与水资源研究具有重要的意义。

8.3.1 山区不同下垫面的水文功能

（1）森林对流域径流的影响

中国西北山地森林主要分布在祁连山、天山、阿尔泰山等地区。研究发现，中国西北山区森林主要起"涵养水源"的作用，并对流域径流有明显的"消洪补枯"调节作用。祁连山森林覆盖率较低，有限的森林资源主要集中在祁连山中东段的中山区和浅山区。祁连山森林有很强的"涵养水源"的作用，林区很少产流，降雨及雪融水主要用于自身消耗及储存在下层土壤中，能有效削减雨季河流洪峰（Qin et al.，2013）。表 8-1 是祁连山中部地区不同流域的森林覆盖率及冬春季枯水期的出山径流量数据，可以看出随着森林覆盖率的降低，河川枯水期径流也相应减少，说明祁连山森林在丰水期涵养的水分在枯水期释放，有缓解旱情和增加枯水期径流的作用。天山森林水文调节功能与祁连山相似（高新和等，2000）。处于中国最西北部的阿尔泰山，其森林水文调节功能与祁连山和天山有所不同，阿尔泰山区森林冬季积雪量大，春、夏季河道径流受林区大量融水补给。阿尔泰山森林具有"增加"流域径流量的作用，森林"水源地"作用更明显。

表 8-1 不同流域森林覆盖率及枯水期径流的变化

河流名称	流域面积/km²	森林面积/km²	森林覆盖率/%	冬、春季径流深/mm
天涝池河	12.8	8.435	65.9	140.6
寺大隆河	109.7	35.1	32.0	98.4
大渚马河	213	14.2	6.7	49.4
黑河上游下段	2557	150.9	5.9	35.7
梨园河	862.4	36.7	4.3	25.5
丰乐河	271	2.53	0.93	23.3
洪水河	1651	14.8	0.89	8.6

除气候影响外，覆盖率的高低也会对高寒山区森林调节径流功效产生影响，甚至会有相反结果（高新和等，2000）。根据 Qin 等（2013）及高新和等（2000）的研究结果，综合分析可以得出结论：在中国西北山区，森林覆盖率小于 20% 的流域，森林下垫面具有"减少"河川径流的效应；而对于森林覆盖率大于 20% 的流域，森林下垫面具有"增加"河川径流的效应，森林以"水源地"作用为主。该结论尚需进一步探讨。

（2）草地的涵养水源功能

在西北寒冷山区，草地覆盖率整体较高，普遍在 40% 以上。草地的存在可有效降低山区径流汇集速率，减小径流系数，减少水土流失。降水落到草地后，部分用于草地生长消耗，部分会下渗于土壤中，在部分降水丰沛流域，草地会直接产流或下渗形成浅层壤中流。由于高寒草地部分生长区存在冻土分布，所以草地的存在可改变冻土地表水热条件，进而影响降水下渗过程及区域地表水–土壤水–地下水的交换过程及方式。

草地自身有减小径流系数的作用，但在西北山区，高寒草地大都处于中、高山带，高山区降水丰沛，部分高山降水在草地带以泉水形式出流或以侧向壤中流的形式通过草地向更低处运移，所以高寒草地区水资源往往比较丰沛。在西北山区，高寒草地往往以中、低覆盖度草地为主，而中、低覆盖草地的地表产流率是高覆盖草地的 5～42 倍。图 8-7 是祁连山东–西向不同位置的 7 组流域草地覆盖率对比情况，高覆盖度草地面积普遍要低，随着草地面积的增加，中、低覆盖草地面积增加更多，地表产流系数也随之增高。

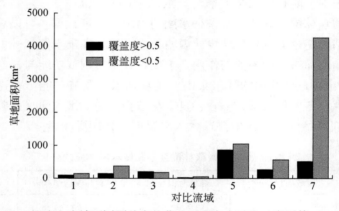

图 8-7　祁连山流域不同覆盖度的草地面积大小对比（秦甲等，2011）

在开阔草原/草甸地带，植被盖度一般较高，坡度平缓，密集的草地拦蓄了较多的降水，由于坡度平缓，地表径流产生缓慢，这使得降水缓慢入渗的同时主要消耗于蒸散发过程。因此，这些地区的径流系数和产流量很低，但由于面积很大，对流域出水口径流有一定的贡献。大量降水通过草地蒸散发消耗，在山区容易形成较为冷湿的小气候环境，对于局地降水也有一定的贡献。

（3）冰川的径流调节作用

冰川作为高山固体水库，其融水是西部寒区流域特别是西部内陆河流域重要的径流补给源。据统计，1961～2006 年中国平均年冰川融水量约为 629.56×10^8 m^3，约占全国河川径流量的 2%。在低温湿润年份，热量不足，冰川消融较弱，冰川积累量增加；在干旱少雨年份，晴朗天气增多，冰川消融强烈，释放出大量冰川融水。冰川融水使河川径流年际变化趋于均匀，使流域干旱年份不缺水，缓和了流域丰、枯水年水量变化的幅度，成为冰川补给类河流稳定可靠的水源。在冰川补给较丰富的河流（冰川补给率大于30%），其年径流变差系数与年降水变差系数之比小于0.5，在无冰川补给的河流，上述比值大于1.0（图 8-8）。这充分表明了冰川对径流的多年调节作用，冰川融水补给量较大的河流受旱涝威胁相对要小，对我国西部干旱地区农业稳定和可持续发展起着重要作用。

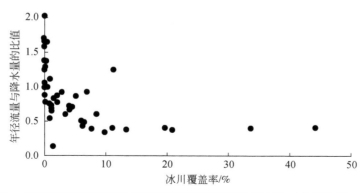

图 8-8　中国西部不同流域冰川的年径流量与年降水量之比（叶佰生等，1999）

但对于冰川融水补给率太高的河流，冰川融水的补给会加剧河流径流年内分配的不均匀性。据统计，中国西部山区冰川融水补给比重在 25% 以上的河流有 30 条以上，比重在 50% 以上的也有 12 条，其中天山南坡的木扎提河融水比重高达 81% 以上。由于中国西北部高山区，高温及多雨期同在夏季，所以全年融水 80% 集中在 7 ~ 8 月，而年降水中也有 60% ~ 70% 集中在夏季，春旱而夏季水量过剩，这是中国天山南北坡诸多河流存在的严重问题。

（4）高山寒漠带的主产流区地位

高山寒漠一般处于高山区的最上部，一般占山区流域面积的 20% ~ 40%，是西北山区重要的下垫面要素之一。高山寒漠以裸露基岩、冰碛沉积为主，降水多且多呈固态，山系的最大降水高度带就属于高山寒漠带。高山寒漠带由于缺乏植被覆盖，蒸腾和降水拦蓄作用弱，加之气候寒冷、蒸发微弱，地表及地下浅层主要为粗颗粒石质堆积，下伏常年冻结层或完整基岩，地形陡峭，使寒漠带降雨和冰雪融水产流迅速，径流系数高。此外，高山寒漠带的粗骨性有利于冰雪融水形成地下潜流，加之坡度陡峭，向下运动较为迅速；部分水量浸润下部土壤，补给中山区及浅山区壤中流。研究表明，高山寒漠带应是我国寒区流域的主产流区（陈仁升和韩春坛，2010）。

8.3.2　下垫面类型对流域径流的贡献和影响

流域产流过程及其对流域径流量的贡献受下垫面类型及其空间分布格局的综合影响。图 8-9 为黑河流域上游不同下垫面的产流系数及对流域径流的贡献情况。黑河的径流主要来自于占流域面积约 20% 的高山寒漠带，其径流贡献比率约为 60%，而占流域面积 70% 的高寒草甸和草原，其径流贡献率仅为 27%；冰川尽管产流系数最高，但由于其面积比例仅为 0.5%，所以冰川对流域的径流贡献率仅为 3.5%。总体看，黑河山区流域 80% 左右的径流来自于海拔 3300m 以上的地区。

不同于黑河，疏勒河上游山区冰川产流量最大（图 8-10）。疏勒河上游约 95% 的山区产流量来自于冰川、高寒草原、裸地及寒漠带，其中冰川占 36.7%。各要素总产流量大小排序

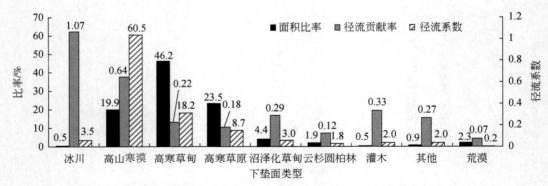

图 8-9　黑河流域不同下垫面的产流特征及贡献（丁永建等，2017b）

如下：冰川>寒漠>裸地>高寒草原>高寒草甸>沼泽草甸>灌丛。本书将各要素总产流量比重除以各自在流域中所占面积比重，计算了各要素单位面积上的产流能力大小，得出的疏勒河单位面积各下垫面的产流能力大小顺序如下：冰川>高山寒漠>裸地>高寒草原>高寒草甸>灌丛>沼泽草甸。

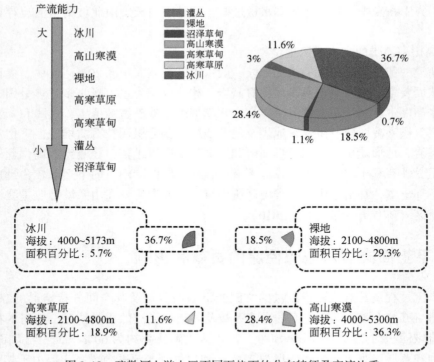

图 8-10　疏勒河上游山区不同下垫面的分布特征及产流比重

　　阿尔泰山各下垫面类型的产流能力则与祁连山流域明显不同。在阿尔泰山（以布尔津河上游山区为例），不同下垫面总产流量大小排序情况如下：草地>森林>裸地>灌丛>冰川，而单位面积产流能力大小顺序如下：灌丛>冰川>裸地>森林>草地（图 8-11）。

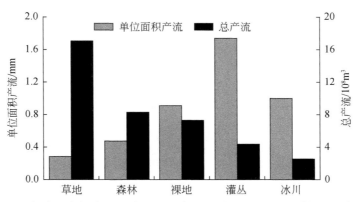

图 8-11　阿尔泰山布尔津河上游山区不同下垫面的总产流量及单位面积产流能力

　　通过以上分析可以看出，中国西北高寒山区不同下垫面的产流能力存在一定差异，并且在不同区域，主要的产流下垫面类型也不尽相同。由于冰川在各流域中的覆盖面积不同，因而冰川对径流的补给调节作用在各流域中存在很大差异。冰川覆盖越高的流域，其冰川融水调节流域径流的能力越强，如祁连山疏勒河上游流域。在祁连山黑河流域，由于冰川主要为小冰川，受全球变暖影响，在夏季基本不存在积累区，因此径流系数较高；而阿尔泰山区冰川面积较大，夏季仅消融区产流，因此其平均径流系数较低。寒漠带是降水最丰沛的地区，且蒸发少，大部分降水会直接产流或下渗形成基流汇入河道，所以寒漠是祁连山流域主产流区；在中国西北不同区域森林对径流的调节存在不同结论，在祁连山森林带产流量最少，以水源涵养为主，森林可以有效削减洪峰，并对枯期径流有效补给，而阿尔泰山森林产流丰沛，主要起着流域"水源地"的作用。此外，由于阿尔泰山区植被覆盖率高，寒漠及裸地面积小，这也就使得在这一地区寒漠带的产流量要比其他下垫面小，这与祁连山明显不同。

　　此外，不同模型、不同参数、驱动数据的丰富程度以及下垫面类型分类的差异，也是造成这 3 个流域下垫面产流能力差异的主要原因。黑河山区流域的结果来自于研究组开发的、适合中国寒区流域的冰冻圈流域水文模型 CBHM，几乎所有参数均来自实测，下垫面分类在传统遥感分类的基础上，根据寒区水文学需要做了补充和完善，而且黑河山区拥有中国寒区流域最为丰富的驱动和验证数据；疏勒河山区流域的结果来自于不包含冰川和冻土水文模块的 SWAT 模型，流域无长期气象观测站，气象、土壤、植被和其他数据匮乏；布尔津河流域的模拟结果来自于研究组修改的、包含冰川水文模块的 VIC 模型，其流域下垫面分类仍然基于传统的遥感下垫面分类；该流域的驱动和验证数据也极为匮乏。这些都限制了疏勒河和布尔津河流域模型模拟的精度，给流域下垫面水量平衡结果带来了较多的不确定性。

　　山地不同下垫面要素的分布状况及组成结构对水资源的时空分布有着重要影响。因下垫面存在差异，山区各处的产流量、产流能力及方式会有所不同。不同的下垫面对降水的分配形式和过程、自身耗水量及涵养水能力不同，即使在相同的降水条件下，因下垫面组成结构差异，区域产流量及径流过程也会存在很大不同。祁连山黑河上游不同海拔带各下垫面产流占出山口径流量的比重，表示不同下垫面产流能力的空间分布差异。在低山区，裸地在较强降水状况下，主要表现为产水，而森林、草地则表现为耗水；在中山区，裸地和草地是两个主要的产流景观；而在高山区，裸地景观（寒漠）产流量最大。在海拔上，黑河山区流域低山区以耗水为主；中、高山区为主要的产水区，约90%的山区总径流来自于海拔3000m以上的山区；疏勒河主要产水带更高，绝大多数产水（近80%）来自海拔4000m以上的高山区寒漠和冰川。不同的下垫面类型及其组合，以及地形、土壤、气候条件等共同造就了流域产流量的复杂空间分布格局。

此外，在利用流域水文模型模拟时，对于传统的遥感分类要进行寒区水文学方面的修改和完善。例如，裸地，低山、中山和高山区的裸地区的水文过程完全不同，不能简单的统一地带；草地，仅仅以低、中、高盖度分类也不合适，高寒草甸和草原具有完全不同的水文过程，而且因地处海拔、地形、下伏冻土和上覆积雪情况的不同，即使都是高寒草甸，其蒸发量和产流量也具有很大差异。

8.3.3　下垫面变化对山区径流空间分布的影响

全球变暖已经导致北极地区植被扩张，中国部分高山地区呈现植被带上移现象，以高山寒漠带和草甸交界带最为敏感。高山寒漠带是西部高山区的主产流区，对于多数大型山区流域来说，占流域面积20%左右的高山寒漠带，其径流贡献率高达60%，而占流域70%左右的草地（高寒草甸和草原），径流贡献却不超过30%。森林年蒸散发量一般大于区域降水量，但其具有重要的水源涵养能力，而且蒸腾于森林的水汽，通过内循环绝大多数转换为区域降水。沼泽、草地等下垫面类型也具有重要的水源涵养作用。若全球变暖引起植被带上移，则山区流域蒸散/降水比例增大、径流系数减小（陈仁升等，2014）。模拟结果表明，若高寒草甸向高山寒漠带上移，则流域蒸散发量加大，丰水年份和湿润季节的径流增多，而其他年份或季节径流减少，流域径流量总体减少（图8-12）。

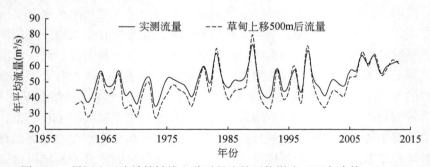

图8-12　黑河山区流域植被线上移对径流的可能影响（丁永建等，2017b）

黄河源20世纪90年代以前土地覆被变化对径流影响很小，气候变化对径流的影响在95%以上。20世纪70~90年代，气候变化的水文效应为65%~80%；土地利用变化的水文效应为 6%~16%；生态退化、冻土融化等的水文效应为 14%~20%（陈利群和刘昌明，2007）。气候变化及其影响下的冻土变化导致长江源区高寒草甸与高寒沼泽草甸生态系统退化了 5% 和 13%，严重退化的高寒草甸和高寒沼泽草甸使得约 49% 的降水量不能形成径流，这导致区域降水量-径流量减少（王根绪等，2007）。土地覆被变化对长江源水资源循环过程及配置影响显著，总体讲长江源流域林地和草地面积增加，导致径流减少，而沙地和裸地面积增加导致径流量增加。模型模拟结果表明：若流域林地和草地面积增加到最大，则径流量减少 17%，达到 304.12m³/s，径流深减少 14.02mm；当林地和草地面积减少，并逐步变为沙地、裸地时，流域径流量增加 16%，达到 424.32m³/s，径流深也增加 13.49mm；当林地和草地面积消失时，这将使流域径流量增加 28%，达到 469.67m³/s，径流深增加 23.88mm；在草地覆被最佳状况下，径流量有所增加，但增加幅度不大，只有 6%，达到 385.98m³/s，径流深增加 4.72mm（李佳等，2012）。

8.4　冰冻圈变化对过去区域/流域径流的综合影响

冰川、积雪和冻土是冰冻圈的主要组成要素，冰川和积雪是我国西部重要的水资源，冰雪融水是径流的重要组成，而冻土这一特殊下垫面会影响径流的产汇流过程，从而影响流域的水文过程。在气候变暖背景下，我国西部冰川面积近 50 年大约退缩了 18%；中国 754 个站点的近 50 年的积雪深度和雪水当量呈现不明显的增加趋势，但春季却呈下降趋势（Ma and Qin，2012），近 10 年中国稳定性积雪（年积雪日数≥60 天）面积没有明显变化（刘俊峰等，2012）；1965~2005 年中国多年冻土主要分布区的青藏高原多年冻土面积退化了 20.67%（王澄海等，2014）。这种冰冻圈要素的变化势必会对流域径流影响较大。本节分区域综合分析了冰川、积雪和冻土等冰冻圈主要因素对中国西部寒区流域径流的综合影响。

8.4.1　天山山区

冰川的消融受气温和降水的影响，气温升高冰川加速消融，降水的增加在一定程度上又抑制冰川的消融。过去几十年，在气温升高和降水增加的背景下，冰川变化主要表现为冰川物质亏损加剧，冰川面积萎缩。冰川退缩速度与冰川面积有关，大冰川退缩速度慢，小冰川退缩速度快；不同冰川区域气候的变化不同，冰川退缩速度也有所差异，总体上看，天山山区冰川萎缩程度较大（表8-2）。

表 8-2　中国西部典型流域冰川及变化特征（1970~2007 年）

山区	流域名称	平均冰川面积/(km²/条)	冰川径流贡献率/%	冰川退缩状况/%
天山南坡	木札特河	4.823	67.3	15.4
	库车河	0.414	2.5	38.3

续表

山区	流域名称	平均冰川面积/(km²/条)	冰川径流贡献率/%	冰川退缩状况/%
天山北坡	玛纳斯河	0.813	19.2	25.3
	呼图壁河	0.289	6.2	40.9
祁连山	疏勒河	0.933	23.1	16.2
	黑河	0.733	3.5	21.3
青藏高原	长江源	1.531	3.6	15.4
	黄河源	1.761	0.3	19.1
	澜沧江源	0.633	1.3	31.8
	怒江源	0.821	4.1	32.3
	雅鲁藏布江源	0.795	5.2	31.7

　　天山南坡冰川融水径流总体表现为减少趋势。库车河流域冰川径流呈现明显地减少趋势，由大冰川组成且萎缩量较小的木札特流域冰川径流也呈现微弱的减少趋势［图 8-13（a）］。原因是天山南坡近 40 年，消融期温度上升幅度并不大，而降水增加趋势相对明显［图 8-13（b）］，一方面降水的增加抑制了冰川的加速消融，另一方面冰川面积的减少，也减少了冰川径流量，尤其冰川萎缩大的库车河流域。冰川径流贡献率高达 67.3% 的木札特河流域由于冰川径流的减少，观测总径流也表现出微弱的下降趋势；而冰川径流贡献率极小的库车河流域，由于降水及融雪径流量增加（图 6-19、图 8-14），即使冰川径流减少，总径流仍然呈现增加趋势。此外，气温升高、积雪变化引起融雪径流提前，导致融雪早期径流增加，这改变了流域的径流年内分配，如该区所属的库车河（图 8-15）。

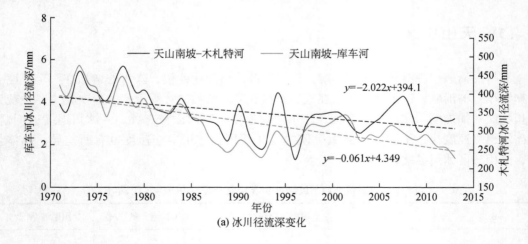

(a) 冰川径流深变化

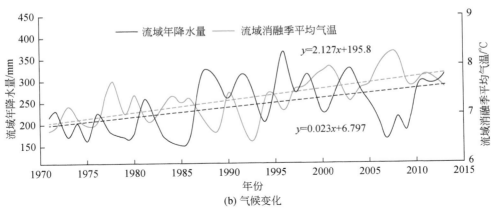

(b) 气候变化

图 8-13 天山南坡典型流域冰川径流及气候变化特征

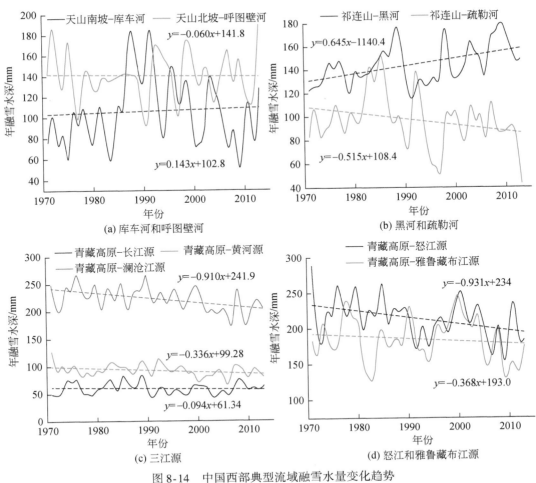

(a) 库车河和呼图壁河 (b) 黑河和疏勒河

(c) 三江源 (d) 怒江和雅鲁藏布江源

图 8-14 中国西部典型流域融雪水量变化趋势

天山北坡由较大冰川构成且退缩程度慢的玛纳斯河流域，由于气温的升高加速了冰川的消融，冰川径流呈现一个不明显的上升趋势，再加上降水的增加，流域总径流表现为明显的增加趋势；由小冰川组成且萎缩程度大的呼图壁河流域，冰川径流呈现不明显下降趋势，但由于冰川径流贡献率低、降水增加明显（图8-17）以及融雪径流基本平稳（图8-14），总径流仍然呈现增加趋势。气温升高引起的积雪变化也会使该区流域年内径流过程线发生改变（图8-15），特别是积雪补给率高的流域。在我国以积雪融水为主的克兰河流域，由于融雪径流显著的提前，使流域最大径流月由6月提前到5月，相应最大月径流也增加了15%，4~6月融雪季节的径流由占总径流的60%增加到近70%（图8-16）。

总体来看在气候变化背景下，1971~2013年天山山区的冰川径流表现出"U"型变化趋势，20世纪70年代至80年代中期由于降水量少，且气温较高，冰川径流大；80年代中期到90年代中期由于降水量大，气温较低，冰川径流小；90年代中期以后，气温处于高位震荡状态，冰川径流相对较大，但由于该时期冰川面积相对于70年代较小，且降水量大，冰川径流量未明显超过70年代，故天山山区的冰川径流近40年总体呈现下降趋势或不明显的增加，但由于降水量增加及融雪径流增加或平稳，流域总径流量增加。

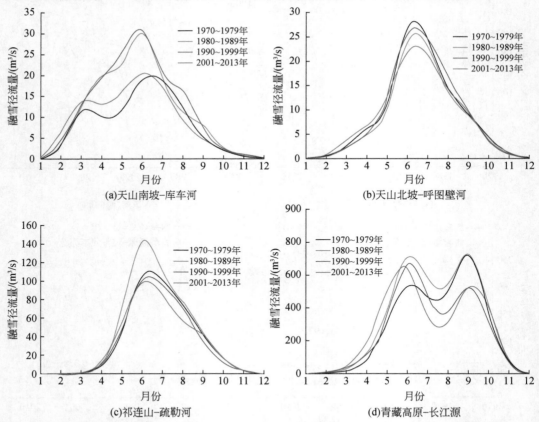

图8-15 中国西部典型流域1971~2014年融雪径流年内径流变化过程（包含降雪融水，模型模拟结果）

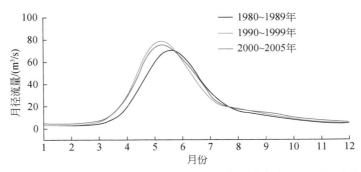

图 8-16 克兰河阿勒泰水文站 1980～2005 年平均年内径流变化过程

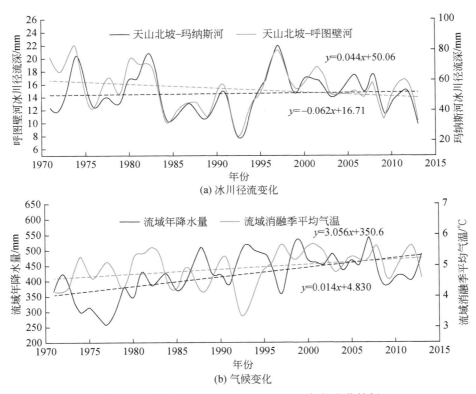

图 8-17 天山北坡典型流域冰川径流及气候变化特征

8.4.2 祁连山山区

祁连山山区的冰川萎缩率较低（表 8-2），由于消融期气温升高幅度大，年降水量增加幅度小于天山山区，冰川径流呈现增加趋势；黑河降水、积雪融水和冰川径流均呈现增加趋势，这导致流域径流呈现增加趋势（图 8-14、图 8-17）。疏勒河流域积雪融水呈现微弱的减少趋势（图 8-14），但降水量和冰川径流增加明显（图 8-18），总径流表现为增加趋势（丁永建等，2017b）。相对而言，疏勒河降水增加对总径流的影响较弱，总径流增加的主要贡献是冰川径流的增加；而冰川贡献率低的黑河流域径流增加的主要贡献是降水径流（包括积雪融水）的增加。

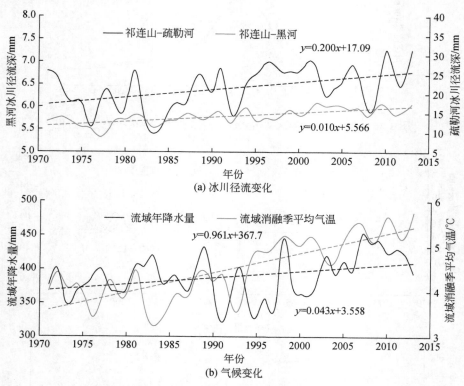

图 8-18　祁连山典型流域冰川径流变化及气候变化特征

8.4.3　青藏高原

青藏高原的三江源区，气温升高对冰川径流的影响超过冰川面积减少的影响，冰川径流呈现增加趋势（图 8-19），降水增加但融雪径流减少（图 6-19、图 8-14）；而青藏高原西部的怒江及雅鲁藏布江源区，冰川退缩率都在 30% 以上，冰川面积减少对冰川径流的影响已经超过或接近气温升高的作用，故冰川径流表现为减小趋势（图 8-20）。但青藏高原冰川径流对这些大河源区径流贡献都较低（<5.5%）（表 8-2，图 8-19、图 8-20），冰川径流的变化对流域径流的影响相对较小，近 40 年青藏高原 5 个大河源区的总径流主要受控于降水和蒸散发的变化影响。其中，由降水补给的积雪融水，在青藏高原西南地区均出现一定程度的减少趋势（图 8-14）。总体看，青藏高原降水增加的幅度大于冰雪融水及蒸散发量的变化，区域径流呈现微弱的增加趋势（丁永建等，2017b）。此外，气温升高、积雪变化可使我国西部流域融雪早期（3~5 月）融雪径流增加明显，在降雪量变化不大情况下，6~9 月融雪径流量会呈现明显减少，这种现象在长江源区表现得尤为明显（图 8-15）。

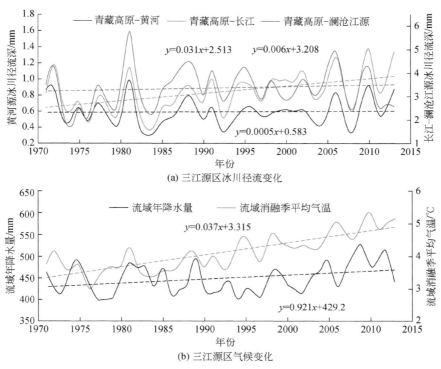

(a) 三江源区冰川径流变化

(b) 三江源区气候变化

图 8-19　青藏高原三江源区冰川径流及气候变化特征

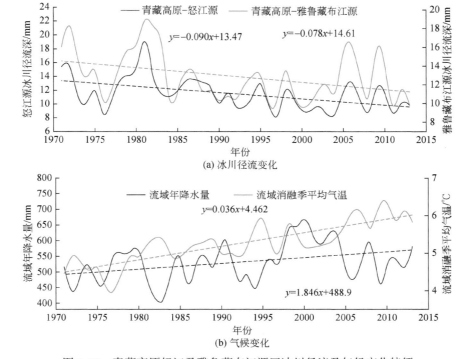

(a) 冰川径流变化

(b) 气候变化

图 8-20　青藏高原怒江及雅鲁藏布江源区冰川径流及气候变化特征

8.4.4 综合分析

如上所述，流域径流的变化主要取决于降水量（含积雪融水）、冰川融水及蒸散发量的平衡。冰川为地质历史时期的产物，其融水比例及变化对流域水量平衡及产流量影响较大；而多年冻土在寒区流域水文过程中的主要作用是通过影响产汇流过程而影响流域径流的年内分配（富含大量地下冰的多年冻土除外，但中国西部寒区地下冰相对较少）；积雪融水严格来讲则属于降水量的一部分。因此，冰冻圈主要因素中，除冰川为主要的水源外，积雪和冻土变化的影响更多地体现在流域产汇流过程及径流年内甚至年际的分配方面。这种作用在不同气候、不同冰冻圈组合的流域，具有较大的差异。

为对比冰冻圈变化对寒区流域过去径流的综合影响，选择 1985 年气温突变前后，疏勒河山区流域 1954～1985 年和 1986～2014 年两个时期的平均日流量过程线（图 8-21），后一个时期的多年平均降水量比之前约多 10mm，对比分析其年内径流变化，可以看出，气候变暖之后的 30 年来，流域枯水径流明显增加，春季融雪洪峰由 5 月底提前到 5 月初，提前了近 1 个月，春季消融期缩短了半个多月；由于疏勒河冰川多年平均冰川融水补给率约为 23%，而 1986～2014 年平均降水量约比 1954～1985 年多了近 10mm，因此 1986～2014 年夏季流量较大是由冰川加速消融引起；若该流域冰川补给率很小，1986～2014 年的夏季流量应该要小于 1954～1985 年的夏季流量，年内径流过程线受冻土变化影响会更为平缓。图 8-24 是冰冻圈变化对流域水文过程综合影响的经典案例。在降水量差别不大的情况下，积雪变化导致融雪期缩短、融雪径流洪峰提前；冻土退化导致流域年内径流过程线平缓，特别是枯水径流增加和夏季径流减少，但受高冰川补给率的影响，夏季径流反而增大。

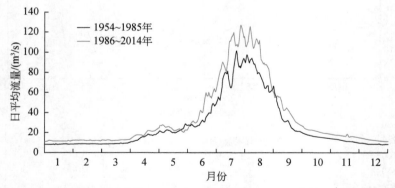

图 8-21 祁连山疏勒河山区流域 1954～1985 年和 1986～2014 年实测日平均流量对比

8.5 中国西部寒区流域径流变化预估

气候、冰冻圈、植被变化是影响中国西部寒区流域过去和未来径流变化的主要因素。

其中，气候变化是驱动根源和最主要的影响因子，冰冻圈变化在冰川覆盖率小的流域主要是改变了流域年内、年际径流分配以及调丰补枯作用，在冰川覆盖率大的流域，冰川变化对径流的影响有时会超过降水的变化。过去几十年来，寒区植被的变化主要是早期森林的过度砍伐和近年来的植树造林、过度放牧及开垦农田以及气候变化共同造成的草地退化，同时还有气候变化导致的植被带缓慢的变迁等。相对而言，对于广漠的寒区流域，人类活动较为稀少、对生态影响多于对径流总量的影响，气候和人类活动引起的植被变化对流域径流总量的影响较小。这种影响也是不容忽视的，但在目前还难以精确定量评估。基于上述认识，本节主要评估气候和冰冻圈共同变化对未来中国西部寒区流域径流的影响。

8.5.1　21 世纪中国西部气候变化特征

中国西部地区的气候到 21 世纪末总体呈现一个暖湿化过程。其中，西北地区相对于 1961～1990 年，到 21 世纪末 RCP2.6 情景下温升 2℃ 左右，RCP4.5 情景下为 3.5℃；在 RCP4.5 和 RCP8.5 情景下降水可分别增加 3.5mm/50a 和 6.2mm/50a（Zhao et al.，2014）。RCP4.5 排放情景下，2006～2100 年，青藏高原区域年均地表气温变化趋势为 0.26℃/10a，高海拔地区的增温幅度相对较大，而在低的地区则较小，21 世纪 90 年代温度平均上升 2.7℃，21 世纪末期增温幅度明显高于早期和中期；青藏高原降水小幅增加，平均变化趋势为 1.15%/10a；中西部地区增幅较大且信度较高；21 世纪 90 年代较对照时段增加了 10.4%（胡芩等，2015）。

8.5.2　21 世纪末中国西部主要寒区流域径流的变化

采用 IPCC GCMs 气候情景预估数据通过降尺度等手段，将其作为水文模型的输入值进而预估未来的径流变化，这种方法现阶段被广泛用于流域径流预估。目前参与 IPCC CMIP5 的 GCM 模式有 40 多个，在众多气候模式选择了能够反映中国西部寒区流域未来气温和降水变化平均状况，且能较好地模拟历史气象要素的气候模式。对选择的气候模式输出的未来气候情景数据进行统计降尺度（Delta 方法）后，驱动 VIC-CAS 或 CBHM 模型预估我国西部典型寒区流域未来径流的可能变化。

（1）天山山区

选择天山南北坡不同冰川补给率的 4 条河流来分析未来气候变化背景径流变化特征（表 8-2）。在 RCP2.6 排放情景下，未来 4 个流域平均气温在 2061～2070 年前后达到峰值，2061～2070 年气温相对于对照期（1971～2013 年）天山南北坡平均温升约 1.56℃，随后气温有所下降，到 21 世纪末（2091～2100 年）气温相对于对照期升高 1.22℃，天山南坡的温升略高于北坡；未来降水总体呈现增加趋势，2070～2061 年以后降水增加趋势不明显，21 世纪末的降水量相比对照期，天山北坡增加 21.4%，天山南坡增加 13.1%。在 RCP4.5 排放情景下，气温持续升高，相比对照期，到 21 世纪末天山山区平均温升

2.55℃，天山南坡的温升略高于北坡，天山北坡降水增加 19.5%，天山南坡降水则减少 8.1%（图 8-22）。

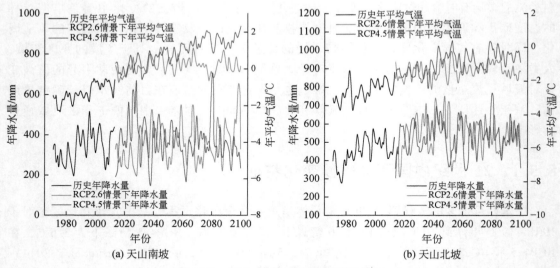

图 8-22　天山山区气温与降水预估结果

由于气温的升高，冰川继续退缩，相比 2007 年，在 RCP2.6 和 RCP4.5 两个情景下，21 世纪末库车河流域冰川面积分别减少约 25.2% 和 42.0%；木札特河冰川面积分别减少约 17.1% 和 39.8%；呼图壁河冰川面积分别减少约 26.1% 和 34.3%；玛纳斯河冰川面积分别减少约 23.9% 和 36.6%（图 8-23 和表 8-3）。

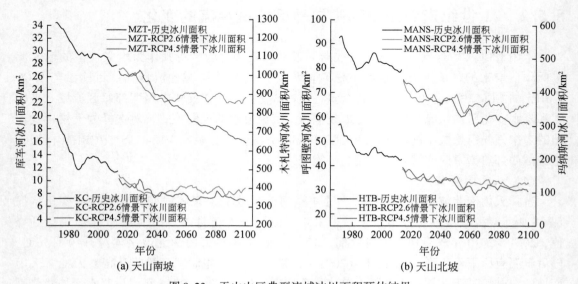

图 8-23　天山山区典型流域冰川面积预估结果

表 8-3　天山山区冰川面积、冰川径流及总径流相比对照期的变化　（单位:%）

情景	流域	冰川面积变化	冰川径流变化	总径流变化
2050~2059 年 RCP2.6	库车河	-26.2	-33.5	+58.9
	木札特河	-17.0	-22.1	+12.9
	呼图壁河	-25.9	-27.0	+5.0
	玛纳斯河	-25.2	-2.3	+22.0
2090~2099 年 RCP2.6	库车河	-30.0	-49.5	+32.4
	木札特河	-19.1	-30.0	-2.9
	呼图壁河	-26.7	-36.9	+5.0
	玛纳斯河	-25.4	-22.0	+29.4
2050~2059 年 RCP4.5	库车河	-34.2	-46.1	+40.0
	木札特河	-22.7	-13.5	+8.5
	呼图壁河	-30.2	-37.3	-4.0
	玛纳斯河	-29.6	-12.1	+18.6
2090~2099 年 RCP4.5	库车河	-40.5	-54.1	-0.3
	木札特河	-37.8	-33.4	-11.2
	呼图壁河	-32.3	-38.7	-8.9
	玛纳斯河	-36.0	-25.0	+19.7
2℃气温阈值	库车河	-33.4	-38.8	-8.5
	木札特河	-13.6	+9.8	+13.6
	呼图壁河	-24.1	-18.9	+19.2
	玛纳斯河	-22.7	+5.2	+35.3

　　由于冰川面积的减少，天山北坡的呼图壁河冰川径流于（2010±5）年左右开始下降，玛纳斯河冰川径流于（2045±5）年开始下降；天山南坡的库车河冰川径流的拐点不明显，而木札特河冰川径流于（2035±5）年左右开始下降（图 8-24）。

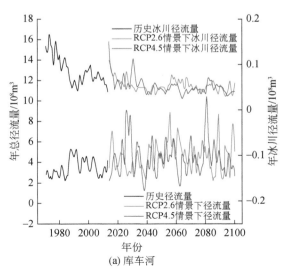

(a) 库车河

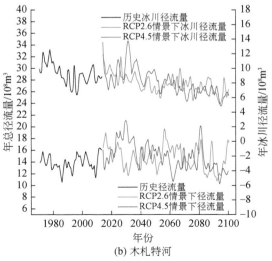

(b) 木札特河

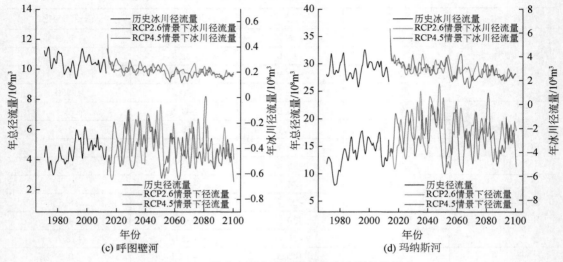

图 8-24　天山山区典型流域径流变化预估结果

　　尽管天山山区降水均呈现增加趋势，但由于流域冰川径流的贡献率差异及变化，天山南北坡 4 条河流的径流量变化趋势有所不同，相比对照期，21 世纪末两个情景下（RCP2.6 和 RCP4.5），库车河径流量分别增加 32.4% 和减少 0.3%；木札特河径流量分别减少 2.1% 和 10.4%；呼图壁河径流量分别增加 5.0% 和减少 8.9%；玛纳斯河径流量分别增加 29.4% 和 19.7%（图 8-23 和表 8-3）。

　　根据张莉等（2013）的研究，在 RCP4.5 情景下全球温升 2℃ 出现在 2035～2040 年，表 8-3 给出了该时段研究流域的冰川面积、冰川径流及径流量相比对照期的变化情况。4 个流域的冰川面积都有明显减少，但大冰川组成的流域冰川退缩率相对较小，故在全球温升 2℃ 时，玛纳斯河和木札特河流域的冰川径流仍有所增加，而呼图壁河和库车河流域的冰川径流将会减少。但由于降水的增加，总径流除库车河流域其他流域均有所增加。

　　（2）祁连山山区
　　祁连山山区主要关注河西内陆河山区流域。河西内陆河流域地处我国西北干旱区和青藏高原边缘的内陆盆地，自东向西分属石羊河、黑河和疏勒河 3 个流域。其中石羊河冰川补给率非常低，基本可以忽略，因此选择黑河和疏勒河进行分析。

　　在 RCP2.6 排放情景下，2061～2070 年黑河流域平均气温峰值相对于对照期（1971～2013 年）升高了约 1.41℃，到 21 世纪末温升约 1.4℃，降水减少 2.8%。在 RCP4.5 排放情景下，气温持续升高，相比对照期，到 21 世纪末黑河流域温升约 2.5℃，降水增加约 8.5%［图 8-25（a）］。

　　在 RCP2.6 排放情景下，2061～2070 年疏勒河流域平均气温峰值相对于对照期（1971～2013 年）升高了 1.9℃，到 21 世纪末（2091～2100 年）温升约 1.6℃，降水增加 12.5%。在 RCP4.5 排放情景下，气温持续升高，相比对照期，到 21 世纪末疏勒河流域温升约 3.0℃，降水增加约 9.8%［图 8-25（b）］。

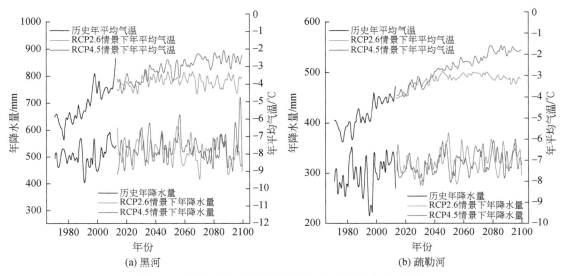

(a) 黑河   (b) 疏勒河

图 8-25   祁连山典型流域气温和降水量的未来可能变化

由于气温的升高，冰川继续萎缩，在 RCP2.6 和 RCP4.5 情景下，黑河流域冰川将分别于 2030 年和 2050 年左右消失殆尽；而由相对较大冰川组成的疏勒河流域，冰川萎缩速度相对较慢，在 RCP2.6 和 RCP4.5 两种情景下，到 21 世纪末冰川面积分别减少约 74.7% 和 86.9%（图 8-26 和表 8-4）。由于冰川面积减小，两流域的冰川径流均将于（2020±5）年开始全面减少。由于疏勒河流域降水增加明显，总径流呈现一定的增加趋势，21 世纪末在 RCP2.6 和 RCP4.5 情景下分别增加 23.4% 和 6.8%。

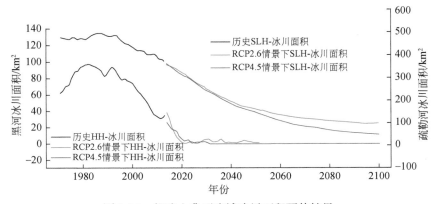

图 8-26   祁连山典型流域冰川面积预估结果

总体看，在全球温升 2℃ 的阈值下，黑河流域冰川完全消失，降水增加较少，流域径流量会有所减少，但幅度不大。尽管疏勒河冰川径流也呈现减少趋势，但由于降水的增加，流域径流量会有较大幅度的增加（图 8-27 和表 8-4）。

表 8-4　黑河和疏勒河冰川面积、冰川径流及总径流相比对照期的变化　（单位:%）

情景	流域	冰川面积变化	冰川径流变化	总径流变化
2050~2059 年 RCP2.6	黑河	−100	−100	−1.6
	疏勒河	−63.2	−52.7	+21.0
2090~2099 年 RCP2.6	黑河	−100	−100	−3.5
	疏勒河	−74.7	−75.2	+23.4
2050~2059 年 RCP4.5	黑河	−100	−100	−3.4
	疏勒河	−68.6	−52.3	+16.9
2090~2099 年 RCP4.5	黑河	−100	−100	−3.4
	疏勒河	−86.9	−84.0	+6.8
2℃气温阈值	黑河	−100	−100	−5.6
	疏勒河	−46.6	−22.2	+25.1

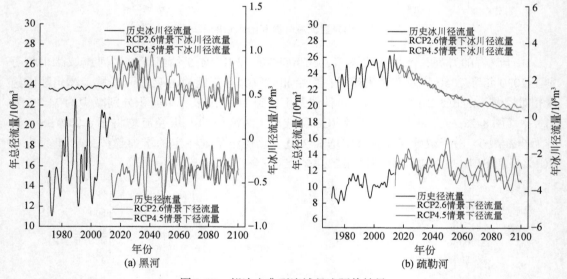

图 8-27　祁连山典型流域径流预估结果

（3）青藏高原

青藏高原的 4 条大河源区（长江源、黄河源、澜沧江源及怒江源）覆盖了青藏高原海拔 2000m 以上区域的 1/6，受季风气候的影响，年降水量呈现从东到西递减的趋势，植被受温湿组合的影响呈现出东南部为森林、北部和西部为草地和灌木的分布特征。这些流域冰川覆盖率相对较小，冰川径流贡献均小于 5%，降水是河流径流最大的补给源。

在 RCP2.6 排放情景下，未来上述 4 个流域平均气温在 2061~2070 年达到峰值，2061~2070 年气温相对于对照期（1970~2013 年）升高约 2.0℃；随后气温有所下降，到 21 世纪末（2090~2099 年）温升约 1.6℃；未来降水总体呈现增加趋势，2070 年后降水增加趋势不明显，21 世纪末的降水量相比对照期大约增加 10.8%。在 RCP4.5 排放情景下，未来 4 个流域的平均气温升高且降水也增加，到 21 世纪末气温相对于对照期升高 3.6℃，降水约增加 17.7%（图 8-28）。

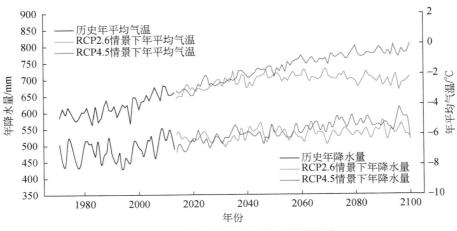

图 8-28 青藏高原气温与降水预估结果

到 2100 年，相比于 2007 年（即第二次冰川编目），在 RCP2.6 和 RCP4.5 情景下，黄河源冰川面积将分别减少 29.0% 和 48.8%；长江源冰川面积分别减少 62.7% 和 77.2%；澜沧江源冰川面积分别减少 84.2% 和 96.2%；怒江源冰川面积分别减少 63.9% 和 77.7%（图 8-29）。由于冰川的退缩，这些流域的冰川径流先后出现了拐点，黄河源及长江源冰川径流拐点出现于（2020±5）年；澜沧江、怒江及雅鲁藏布江源区冰川径流拐点则出现于（2010±5）年（图 8-30）。

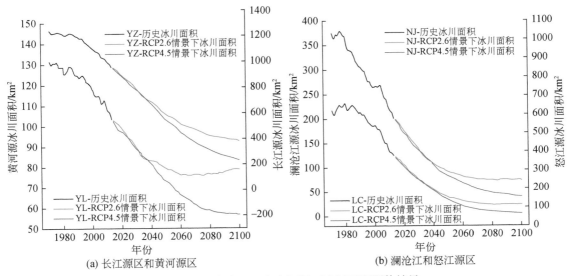

(a) 长江源区和黄河源区   (b) 澜沧江和怒江源区

图 8-29 青藏高原 4 条大河源区冰川面积预估结果

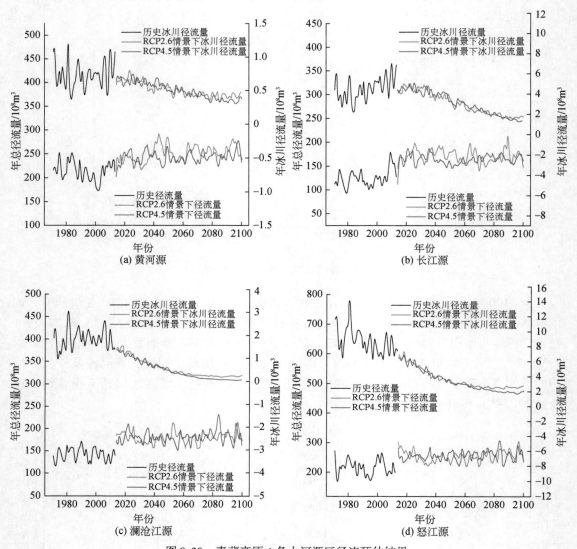

图 8-30　青藏高原 4 条大河源区径流预估结果

　　青藏高原 4 条河流的径流预估结果表明，由于降水增加，径流总体呈现增加趋势。两种气候变化情景下，2091～2100 年径流相比对照期（1971～2013 年），黄河源径流将分别增加 21.5% 和 18.9%，长江源径流分别增加 35.8% 和 30.7%，澜沧江源径流分别增加29.0% 和 27.6%，怒江源径流分别增加 22.1% 和 19.9%。全球温升 2℃ 阈值情况下，虽然4 个流域冰川面积萎缩率都超过了 30%，冰川径流相比对照期也有明显减少，但由于降水的增多，总径流仍然增加（图 8-30 和表 8-5）。

表 8-5　青藏高原 4 条大河源区冰川面积、冰川径流及总径流相比对照期的变化　（单位：%）

情景	流域	冰川面积变化	冰川径流变化	总径流变化
2050~2059 年 RCP2.6	黄河源	−30.0	−32.9	+14.7
	长江源	−46.0	−32.7	+35.8
	澜沧江源	−76.9	−77.6	+32.6
	怒江源	−59.1	−63.9	+16.8
2090~2099 年 RCP2.6	黄河源	−29.0	−41.3	+21.5
	长江源	−62.7	−62.5	+35.8
	澜沧江源	−84.2	−87.7	+29.0
	怒江源	−63.9	−69.6	+22.1
2050~2059 年 RCP4.5	黄河源	−37.3	−30.8	+11.5
	长江源	−51.2	−29.7	+23.9
	澜沧江源	−82.3	−80.2	+21.7
	怒江源	−63.4	−64.8	+17.0
2090~2099 年 RCP4.5	黄河源	−48.8	−52.0	+18.9
	长江源	−77.2	−68.4	+30.7
	澜沧江源	−96.2	−96.7	+27.6
	怒江源	−77.0	−78.2	+19.9
2℃气温阈值	黄河源	−25.2	−18.5	+16.7
	长江源	−32.2	−8.5	+37.9
	澜沧江源	−61.5	−57.9	+27.3
	怒江源	−49.6	−49.1	+18.2

综上所述，近 50 年由于降水的增加，河西走廊黑河双树寺水库—青海湖东部—黄河唐乃亥水文站一线以西的寒区流域径流总体呈现增加趋势；气温升高使我国西部冰川呈现一个明显的萎缩趋势，大冰川的退缩速率要相对较小。受气候变化和流域冰川萎缩的影响，流域冰川径流的变化趋势差异较大：天山山区的冰川径流呈现"U"型变化；河西内陆河流域冰川径流总体呈现上升趋势，石羊河流域冰川径流的拐点可能已经出现；青藏高原三江源区冰川径流呈现一个上升趋势，而冰川退缩幅度大的怒江和雅鲁藏布江流域的冰川径流拐点可能已经出现；我国西部融雪水总量（含降雪）总体呈现减少趋势，这是由夏季高山区雨雪比升高造成的；寒区流域积雪融水量基本呈现增加趋势。未来西部寒区流域径流变化预估结果表明冰川将继续萎缩、多数流域的冰川融水径流峰值出现在 2020~2030 年，但由于受降水增加明显，该区将会出现多数寒区流域的径流量增加、少数流域径流量减少的情况；预估结果受气候模式的不确定性影响较大，特别是有关未来降水量变化的预估。

第9章 结论与展望

9.1 结 论

基于长期野外观测实验、区域调查及模型模拟，本书在初步获取中国西部高山区降水量时空分布的基础上，探讨了冰冻圈水文过程的基本过程和规律，分析了冰冻圈和其他下垫面在寒区流域水文过程中的作用及其变化对流域径流量的影响，预估了未来不同气候变化情景下中国西部寒区流域径流的可能变化，主要结论如下。

1）高山区降水量实测数据表明过去可能低估了中国西部寒区流域的降水量。中国西部高山区降水时空分布复杂，其固态降水较多，本书提出了区分降雨、降雪和雨夹雪三种降水形态的临界气温阈值，并根据多年对比试验及其研究结果，校准了不同降水类型的观测误差。研究了坡度、坡向和海拔等地形因素对祁连山不同时间和空间尺度降水分布的影响，认识到研究区冬季最大降水高度带约为2300m，其他季节及年尺度上的最大降水高度带大约为4200m，这个高度受环流、地形、风场等影响，在不同地区会有所差异。环流形式、局地降水、前方陡峭的地形、冰川分布以及山谷风和下坡风的辐合风场等共同决定了山区最大降水高度带的高度。基于上述研究成果以及国家气象站、中国科学院野外台站和境外降水观测数据，我们制作了祁连山、长江源区、天山、喜马拉雅山4个地区的月降水数据集。数据集为1km×1km、月尺度降水数据集，时间序列为1957~2014年，数据集可在寒区旱区科学数据中心直接下载。该降水数据集综合了高山区实测降水数据，并得到了其他预留数据的良好验证，这应该是目前中国西部高山区精度最高的月降水量数据集，并改变了对过去降水量时空分布的认识。以祁连山黑河山区流域为例，过去认为该流域多年平均降水量约为400mm，但新的观测及计算结果表明该流域多年平均降水量约为500mm。

2）冰川既是重要的水源，又具有重要的调丰补枯作用。受气温升高、冰川加速消融影响，冰川融水总体呈现增加趋势，少数流域冰川融水峰值已经出现，多数流域的冰川融水峰值也即将出现，这将会减少流域径流量，特别是西北干旱区冰川覆盖率大的流域：①冰川是重要的水源。中国多年年均冰川融水资源量约为$629.56 \times 10^8 m^3$（内流水系39.9%，外流水系60.1%）。受气温升高、冰川萎缩影响，1961~2006年冰川融水基本呈增加趋势，2000年之后是冰川融水径流量最大的时期，年平均融水径流量达$794.67 \times 10^8 m^3$（高出多年平均融水径流量26.2%）。由于流域间气候系统、冰川规模、地形条件等存在差异，冰川融水对河流的补给比重不同，总的分布趋势是由青藏高原外围向高原内部随着干旱度的增强与冰川面积的增大而递增。冰川融水约占西部寒区流域径流量的12.2%，约为全国河川径流量的2.3%，是重要的水源，特别是对于西北干旱区来说，部分流域的冰川融水比例可达 50% 以上。②冰川具有重要的稳定径流和调丰补枯作用。当流域冰川覆盖率大于 5% 时，流域年内径流过程线较为平稳。此外，丰水年份冰川蓄积的水资源在干旱年份释放，保证了流域径流及干旱区绿洲的稳定，气候越暖干的年份，流域冰川融水径流量越多，融水比例越大；在冰川覆盖率仅为 0.5% 的祁连山黑河干流山区流域，其多年平均冰川融水比例仅为 3.5%，但在干旱年却接近 5.0%，在干旱月则高达 16%。冰川由积累区向消融区运动和调丰补枯作用，才使得多数干旱区河流具有相对稳定的河川径流，绿洲得以保持稳定。但这种调丰补枯作用正受冰川萎缩影响，该影响导致流域年径流变差系数增大。③目前西部寒区流域冰川面积已经减少约 18%，未来将减少 60% ~ 80%，小冰川基本完全消失，多数流域的冰川融水径流峰值出现在 2020 ~ 2030 年，之后冰川径流将持续减少。

3）多年冻土及季节冻土退化已经引起中国西部甚至整个中国寒区流域冬季（枯水）径流增加、夏季径流减少、年内径流过程线变缓，这种变化与流域多年冻土覆盖率有关。未来全球变暖、冻土退化、植被带变迁可能会导致寒区流域径流系数变小：①冻土水热耦合过程可改变冻结时期的土壤液态水分运移机制，即由重力势控制为主改变为基质势控制为主，这导致下层土壤液态水分出现向冻结锋面集结的现象。②多年冻土覆盖率直接影响流域的径流年内分配，覆盖率越低，流域径流年内分配越稳定；反之，覆盖率越高，流域径流年内分配越不稳定。③冻土退化已经增加了流域土壤调蓄能力，使中国寒区流域总体呈现冬季（枯水）径流增加、夏季径流减少、年内径流过程线变缓；中国冰冻圈 33 个流域多年冻土覆盖率与径流的统计结果表明，流域多年冻土覆盖率低于 40% 的流域，冬季径流增加幅度与冻土覆盖率呈反比；冻土覆盖率大于 40% 时，冬季径流变化幅度与冻土覆盖率基本无关。当流域多年冻土覆盖率高于 60% 时，冬季径流比重基本稳定。GRACE 重力卫星研究结果也表明，祁连山地区储水量的增加是由冻土退化引起的。④全球变暖可导致高山区冻土地区的高寒草原和灌丛草甸扩张，而沼泽草甸和高寒草甸退化，导致降水更多消耗于下垫面扩张引起的蒸散发量增加，区域的蒸散发量占降水量的比例增加会导致寒区流域未来的产流系数变小。

4）不同于北半球绝大部分地区，中国西部高海拔寒区过去 50 年和未来 80 年融雪径流总体呈现增加趋势，积雪消融期提前、缩短，改变了流域年内径流过程线，但也存在区域差异，极高海拔地区降雪量伴随着降水量增加是主要原因：①中国西部寒区流域降雪/积雪融水比例一般介于 15% ~ 25%，是春季的主要水源。②气候变暖、雨雪比和积雪量变化改变了寒区流域的年内径流过程线，导致融雪提前、消融期缩短；以积雪融水补给为主的部分河流如克兰河，最大径流月由 6 月提前到了 5 月。③中国西部甚至整个寒区极高海拔、高纬度流域在过去 50 年，融雪径流总体呈现增加趋势，这不同于北半球绝大部分地区。④未来中国西部寒区流域融雪径流总体呈现变化不大或增加趋势，高海拔区的温升尚不足以引起雨雪比质变，降水增加造成高山区降雪量增加是主要原因。

5）冰冻圈变化对流域径流的综合影响主要体现在枯水径流增加、春季洪峰提前，冰川径流补给率低的河流夏季径流减少、补给率高的河流夏季径流增加；近年来冰冻圈变化总体增加了流域的径流量，但随着冰川的持续萎缩，由冰冻圈引起的流域径流增加峰值已经或即将出现，未来冰冻圈径流将会持续减少。

6）未来三种排放情景下（RCP2.6，RCP4.5 和 RCP8.5），受气候和冰冻圈变化共同影响，中国西部寒区流域径流总体呈现增加趋势，降水增加是主因，但未来降水的预估可能存在较大的不确定性。

总之，气候、冰冻圈、植被变化是影响中国西部寒区流域过去和未来径流变化的主要因素。其中，气候变化是驱动根源和最主要的影响因子，冰冻圈变化在冰川覆盖率小的流域主要是改变了流域年内、年际径流分配以及调丰补枯作用，在冰川覆盖率大的流域，冰川变化对径流的影响有时会超过降水的变化。过去几十年，寒区植被的变化主要是早期的森林过度砍伐和近年来的植树造林、过度放牧和开垦农田、气候变化共同造成的草地退化以及由于气候变化导致的植被带缓慢的变迁等。相对而言，在寒区流域，人类活动较为稀少且对生态的影响多于对径流总量的影响，气候和人类活动引起的植被变化对流域径流总量的影响较小，但这种影响是不容忽视的，目前还难以对其精确定量评估。未来尽管冰冻圈萎缩严重，但受降水增加影响，中国西部多数寒区流域径流会有一定程度的增加，少数冰川补给率高的流域将会出现断流现象。植被变化对流域径流的影响以及气候模式预估和水文模型模拟结果的不确定性等仍需要深入研究。

9.2 展　　望

高海拔寒区面积广、地形复杂、高寒缺氧，观测资料及研究积累匮乏，限制了对寒区气象、冰冻圈水文以及寒区水文过程的系统和深入认识。本书内容仅为冰冻圈变化对寒区流域水文过程影响的阶段性成果，相关认识仍较为片面，研究结果的不确定性较大。今后应加强如下几个方面的工作。

1）加强寒区水文过程特别是冰冻圈水文过程的野外实验和数据积累。实测数据是认识寒区水文学过程的基础。精确的寒区流域面降水量和土壤水热物理参数，不同地区、类型、规模冰川的能水平衡和运动数据，高空间分辨率的雪水当量、冻土分布及水热迁移等数据，都是目前寒区水文学研究急需的。增设不同地区、不同特性，特别是寒区水文综合观测的野外台站，在形成寒区水文系统监测网络的同时，开展专题性实验与研究工作，前沿问题与学科发展并重。新技术、新手段、新的管理和运行方式也至关重要，加强与其他学科的联合观测与实验也势在必行。

2）深入认识冰冻圈水文过程机理。冰冻圈水文过程是寒区流域水文过程的核心，目前的认识主要来自于有限的观测资料。目前对冰冻圈水文过程的许多认识还较为片面，如冰川运动和汇流过程，冻结层上水、层间水和层下水与区域水循环的转化关系，冻土与植被的相互作用关系，风吹雪过程及其对冰川和积雪水文过程的影响，以及不同冰冻圈要素组合对流域水文过程的影响及其对气候变化的响应等。

3）强调冰冻圈要素对水文过程影响的差异性和同一性研究。中国西部寒区广泛，各种气候条件，地形地势、自然条件以及人类活动均存在巨大的差异性。冰川、冻土、积雪等冰冻圈要素的水文过程、作用的时空尺度、各自的水文作用存在着较大差异。同一要素的水文效应也存在较大差异。以冰川为例，区域气候、地形地势和冰川大小等要素均会影响其消融过程，它们对全球变化的响应程度和敏感性均存在巨大差异。如何精确区别冰川、冻土、积雪等冰冻圈要素之间和单项要素内部对水文过程的影响差异性及其对全球变化响应的差异性，是下一步冰冻圈变化对河川径流影响研究的重点。冰冻圈不仅对水文过程影响的差异性较大，而且也存在较大的同一性。降水和气温都是其主要控制因素。降水是各流域水文过程的水源输入量，而气温也会对流域径流产生影响，气温升高会引起蒸散发增大、冰冻圈加速消融、径流变化。冰水相变也是冰冻圈各要素的最大共同特性。如何在不同区域、不同要素以及要素之间的冰冻圈对水文过程影响的巨大差异性中寻找共性、总结适应性规律、形成统一的水文效应，应是冰冻圈水文学研究的主要发展和研究方向。

4）发展和完善适合中国西部寒区的流域综合水文模型。流域综合分析的主要手段是模型模拟。目前，通过在祁连山、天山和唐古拉山等高寒山区建立的冰冻圈水文观测试验平台，已经针对冰川、积雪、多年冻土和降水等水文过程的观测试验，并构建了冰冻圈流域水文模型 CBHM，模型综合考虑了冰川、积雪、冻土、寒漠、灌丛、草地和森林等山区流域不同下垫面的水文因素，形成了要素完整、综合性较高的冰冻圈流域水文模型。未来需要在实践应用中不断完善，在提高适应性、减少不确定性方面不断改进。在提高冰冻圈流域径流模拟能力的同时，应考虑将冰冻圈作用过程产生的化学、生物、泥沙等过程耦合到冰冻圈流域水文模型中，综合分析冰冻圈各要素在流域水文中的物理、化学和生物效应，这是未来模型模拟中需要逐渐发展的内容。

5）减少未来情景下冰冻圈以及河川径流预估的不确定性。目前，未来不同排放情景下中国西部流域冰冻圈和径流变化的预估均存在较大的不确定性，直接影响未来水文水资源评估和利用。一是气候模式本身的参数不确定性，如很多气候模式的降水输入在中国西部明显偏大。另一个不确定性主要表现在气候模式在西部山区的空间降尺度问题。气候模式一般为较相地表空间分辨率，而中国西部地形复杂，加之各大流域源区位于高海拔山区，地形复杂，在水文模型构建时，尽量选择较小的地表空间分辨率，以更好地符合实际自然条件，也便于在空间内表达冰川积雪等冰冻圈要素。如何将较大尺度的气候模式降尺度耦合到适合中国西部流域的水文模型空间尺度上，可能是区域冰冻圈和水文过程预估的主要发展方向。

6）加强中国西部冰冻圈—水—人类活动耦合研究。中国西部面积广阔，各区域气候差异显著，水资源和人类活动也存在较大区域差异性。全球变暖背景下，西部冰冻圈已产生了剧烈变化，改变了西部各流域的水文过程和径流情势，直接影响流域内人类生产生活和经济活动。反过来，人类活动也改变了冰冻圈的各要素变化。例如，温室气体的排放引起的增温加速了中国西部冰川消融和冻土退化；山区各种梯级水库的建设也直接影响和改变了区域的水循环过程。目前，孤立地研究冰冻圈变化及其对水文过程影响这一自然过程，不能较好地实现中国西部水资源的合理利用和可持续发展。在以后的研究中，应在加强自然过程中冰冻圈水文过程变化研究的基础上，耦合人类活动对冰冻圈和水文过程的影响，实现冰冻圈–水–人类活动的综合研究，为更好地利用中国西部水资源和实现该区可持续发展提供科学依据。

参 考 文 献

阿热依·阿布代西.2013.克兰河流域气候变化对积雪、径流的影响.乌鲁木齐：新疆大学硕士学位论文.

白金中.2012.新疆阿尔泰山友谊峰区冰川变化初步特征分析.兰州：西北师范大学硕士学位论文.

曹泊,潘保田,高红山,等.2010.1972-2007年祁连山东段冷龙岭现代冰川变化研究.冰川冻土,32(2)：242-248.

常学向,赵爱芬,王金叶,等.2002.祁连山区大气降水特征与森林对降水的截流作用.高原气象,21(3)：274-280.

陈利群,刘昌明.2007.黄河源区气候和土地覆被变化对径流的影响.中国环境科学,27(4)：559-565.

陈仁升,韩春坛.2010.高山寒漠带水文、生态和气候意义及其研究进展.地球科学进展,25(3)：255-263.

陈仁升,康尔泗,丁永建.2014.中国高寒区水文学中的一些认识和参数.水科学进展,25(3)：307-317.

陈仁升,吕世华,康尔泗,等.2006.内陆河高寒山区流域分布式水热耦合模型（I）：模型原理.地球科学进展,21(8)：806-818.

程国栋.1984.我国高海拔多年冻土地带性规律之探讨.地理学报,39(2)：185-193.

丁永建,秦大河.2009.冰冻圈变化与全球变暖：我国面临的影响与挑战.中国基础科学,//(3)：4-10.

丁永建,效存德.2013.冰冻圈变化及其影响研究的主要科学问题概论.地球科学进展,28(10)：1067-1076.

丁永建,叶柏生,韩添丁,等.2007.过去50年中国西部气候和径流变化的区域差异.中国科学（D辑）,37(2)：206-214.

丁永建,叶柏生,周文娟.1999.黑河流域过去40a来降水时空分布特征.冰川冻土,21(1)：42-48.

丁永建,张世强,陈仁升.2017a.寒区水文导论.北京：科学出版社.

丁永建,张世强,李新荣,等.2017b.西北地区生态变化评估报告.北京：科学出版社.

董晓红.2007.祁连山排露沟小流域森林植被水文影响的模拟研究.北京：中国林业科学研究院硕士学位论文.

冯童,刘时银,许君利,等.2015.1968-2009年叶尔羌河流域冰川变化——基于第一、二次中国冰川编目数据.冰川冻土,37(1)：1-13.

高新和,潘存德,李建贵.2000.天山北坡山地森林与河川径流关系的探讨.新疆农业大学学报,23(1)：25-29.

高鑫.2010.西部冰川融水变化及其对径流的影响.北京：中国科学院研究生院硕士学位论文.

韩春坛,陈仁升,刘俊峰,等.2010.固液态降水分离方法探讨.冰川冻土,32(2)：249-256.

胡芩,姜大膀,范广洲.2015.青藏高原未来气候变化预估：CMIP5模式结果.大气科学,39(2)：206-270.

胡隐樵.1987.一个强冷岛的数值试验结果.高原气象,6(1)：1-8.

怀保娟,李忠勤,孙美平,等.2014.近50年黑河流域的冰川变化遥感分析.地理学报,69(3)：365-377.

贾文雄,何元庆,王旭峰,等.2009.祁连山及河西走廊潜在蒸发量的时空变化.水科学进展,20(2)：159-167.

蒋熹,王宁练,蒲健辰,等.2008.夏季消融期祁连山"七一"冰川反照率初步研究.冰川冻土,30(5)：752-760.

金铭，李毅，刘贤德，等．2011. 祁连山黑河中上游季节冻土年际变化特征分析．冰川冻土，35（5）：1068-1073.

康尔泗，程国栋，董增川．2002. 中国西北干旱区冰雪水资源与出山径流．北京：科学出版社．

康尔泗，程国栋，蓝永超，等．1999. 西北干旱区内陆河流域出山径流变化趋势对气候变化响应模型．中国科学（D辑），29（增刊Ⅰ）：47-54.

蓝永超，胡兴林，肖生春，等．2012. 近50年疏勒河流域山区的气候变化及其对出山径流的影响．高原气象，31（6）：1636-1644.

李佳，张小咏，杨艳昭．2012. 基于 SWAT 模型的长江源土地利用/土地覆被情景变化对径流影响研究．水土保持研究，19（3）：119-124.

李江风．1976. 关于高山降水带的分布．气象科技资料，（8）：23-25.

李玲萍，陈雷，王荣喆，等．2014. 河西走廊东部冬季降雪特征分析．资源科学，36（1）：182-190.

李新，程国栋．1999. 高海拔多年冻土对全球变化的响应模型．中国科学（D辑），29（2）：187-192.

李育，王岳，张成琦，等．2014. 干旱区内陆河流域中游地区全新世沉积相变与环境变化——以石羊河流域为例．地理研究，33（10）：1866-1880.

李忠勤．2011. 天山乌鲁木齐河源1号冰川近期研究与应用．北京：气象出版社．

林之光．1995. 地形降水气候学．北京：科学出版社．

刘俊峰，陈仁升，宋耀选．2012. 中国积雪时空变化分析．气候变化研究进展，8（5）：364-371.

刘时银，丁永建，张勇，等．2006. 塔里木河流域冰川变化及其对水资源影响．地理学报，61（05）：482-489.

刘时银，姚晓军，郭万钦，等．2015. 基于第二次冰川编目的中国冰川现状．地理学报，70（1）：3-16.

刘铸，李忠勤．2016. 近期冰川表面径流系数变化的影响因素——以天山乌鲁木齐河源1号冰川为例．地球科学进展，31（1）：103-112.

孟秀敬，张士锋，张永勇．2012. 河西走廊57年来气温和降水时空变化特征．地理学报，67（11）：1482-1492.

彭小清，张廷军，潘小多，等．2013. 祁连山区黑河流域季节冻土时空变化研究．地球科学进展，28（4）：497-508.

钱宁，万兆惠．1983. 泥沙运动力学．北京：科学出版社．

秦大河，丁永建，穆穆．2012. 中国气候与环境演变：2012. 北京：气象出版社．

秦大河，周波涛，效存德．2014. 冰冻圈变化及其对中国气候的影响．气象学报，72（5）：869-879.

秦甲，丁永建，叶柏生，等．2011. 中国西北山地景观要素对河川径流的影响作用分析．冰川冻土，33（2）：397-404.

沈永平，梁红．2004. 高山冰川区大降水带的成因探讨．冰川冻土，26（6）：806-809.

沈永平，王顺德．2002. 塔里木盆地冰川及水资源变化研究新进展．冰川冻土，24（6）：819.

沈永平，刘时银，丁永建，等．2003. 天山南坡台兰河流域冰川物质平衡变化及其对径流的影响．冰川冻土，25（2）：124-129.

沈永平，刘时银，甄丽丽，等．2001. 祁连山北坡流域冰川物质平衡波动及其对河西水资源的影响．冰川冻土，23（3）：244-250.

沈永平，王国亚，苏宏超，等．2007. 新疆阿尔泰山区克兰河上游水文过程对气候变暖的响应．冰川冻土，29（6）：845-854.

沈志宝．1975. 珠穆朗玛峰地区的降水特征//中国科学院西藏科学考察队．珠穆朗玛峰地区科学考察报告（气象和太阳辐射）．北京：科学出版社．

施雅风，程国栋．1991．冰冻圈与全球变化．中国科学院院刊，（4）：287-291．

施雅风，沈永平，李栋梁，等．2003．中国西北气候由暖干向暖湿转型的特征和趋势探讨．第四纪研究，
 223（2）：152-164．

施雅风．2005．简明中国冰川编目．上海：上海科学普及出版社．

孙美平，刘时银，姚晓军，等．2015．近50年来祁连山冰川变化-基于中国第一、二次冰川编目数据．地
 理学报，70（9）：1402-1414．

汤懋苍．1963．祁连山区的气压系统．气象学报，33（2）：175-188．

汤懋苍．1985．祁连山区降水的地理分布特征．地理学报，40（4）：323-332．

王澄海，靳双龙，施红霞．2014．未来50a中国地区冻土面积分布变化．冰川冻土，36（1）：1-8．

王澄海，靳双龙，吴忠元，等．2009．估算冻结（融化）深度方法的比较及在中国地区的修正和应用．地
 球科学进展，24（2）：132-140．

王根绪，李元寿，王一博，等．2007．长江源区高寒生态与气候变化对河流径流过程的影响分析．冰川冻
 土，29（2）：159-168．

王宁练，贺建桥，蒋熹，等．2009．祁连山中段北坡最大降水高度带观测与研究．冰川冻土，31（3）：
 395-403．

王庆峰，张廷军，吴吉春，等．2013．祁连山区黑河上游多年冻土分布考察．冰川冻土，35（1）：19-29．

王欣，谢自楚，冯清华．2003．塔里木河流域冰川系统平衡线的计算及其分布特征．冰川冻土，25（4）：
 380-397．

王兴．2008．基于卫星遥感的祁连山区积雪特征研究．北京：中国气象科学研究院硕士学位论文．

王宗太．1981．中国冰川目录（Ⅰ）：祁连山区．北京：科学出版社．

王希强，陈仁升，刘俊峰．2017．气候变化背景下祁连山区负积温时空变化特征分析．高原气象，
 36（5）：1267-1275．

吴吉春，盛煜，李静，等．2009．疏勒河源区的多年冻土．地理学报，64（5）：571-580．

谢自楚，王欣，康尔泗，等．2006．中国冰川径流的评估及其未来50a变化趋势预测．冰川冻土，28（4）：
 457-466．

徐海量，叶茂，宋郁东，等．2005．塔里木河流域水资源变化的特点与趋势．地理学报，60（3）：487-494．

徐娟娟，王可丽，江灏，等．2010．西风与季风扰动对黑河流域降水影响的数值模拟．冰川冻土，32（3）：
 489-496．

徐宗学，李占玲，史晓崑．2007．石羊河流域主要气象要素及径流变化趋势分析．资源科学，29（5）：
 121-128．

阳勇，陈仁升．2011．冻土水文研究进展．地球科学进展，26（7）：711-723．

阳勇，陈仁升，叶柏生，等．2013．寒区典型下垫面冻土水热过程对比研究（Ⅱ）：水热传输．冰川冻土，
 35（6）：1555-1563．

杨晓玲，马中华，马玉山，等．2013．石羊河流域季节性冻土的时空分布及对气温变化的响应．资源科
 学，35（10）：2104-2111．

姚檀栋，李治国，杨威，等．2010．雅鲁藏布江流域冰川分布和物质平衡特征及其对湖泊的影响．科学通
 报，55（18）：1750-1756．

姚檀栋，姚治君．2010．青藏高原冰川退缩对河水径流的影响．自然杂志，32（1）：4-8．

杨针娘，刘新仁，曾群柱．2000．中国寒区水文．北京：科学出版社．

杨针娘．1981．中国现代冰川作用区径流的基本特征．中国科学（D辑），4（9）：467-476．

杨针娘．1991．中国冰川水资源．兰州：甘肃科学技术出版社．

姚晓军, 刘时银, 郭万钦, 等. 2012. 近50a来中国阿尔泰山冰川变化——基于中国第二次冰川编目成果. 自然资源学报, 27(10): 1734-1745.

叶佰生, 韩添丁, 丁永建. 1999. 西北地区冰川径流变化的某些特征. 冰川冻土, 21(1): 54-58.

叶柏生, 丁永建, 焦克勤, 等. 2012. 我国寒区径流对气候变暖的响应. 第四纪研究, 32(1): 103-110.

叶柏生, 丁永建, 杨大庆, 等. 2006. 近50a西北地区年径流变化反映的区域气候差异. 冰川冻土, 28(3): 307-311.

张百平. 2004. 天山垂直自然带//胡汝骥. 中国天山自然地理. 北京: 中国环境科学出版社: 381-389.

张华伟, 鲁安新, 王丽红, 等. 2011. 祁连山疏勒南山地区冰川变化的遥感研究. 冰川冻土, 33(1): 8-13.

张莉, 丁一汇, 吴统文, 等. 2013. CMIP5模式对21世纪全球和中国年平均地表气温变化和2℃升温阈值的预估. 气象学报, 71(6): 1047-1060.

张明军, 李瑞雪, 贾文雄, 等. 2009. 中国天山山区潜在蒸发量的时空变化. 地理学报, 64(7): 798-806.

张廷军, 童伯良, 李树德. 1985. 我国阿尔泰山地区雪盖对多年冻土下界的影响. 冰川冻土, 7(1): 57-63.

郑度, 赵东升. 2017. 青藏高原的自然环境特征. 科技导报, 35(6): 13-22.

朱美林. 2015. 青藏高原西风区与季风区典型冰川物质–能量平衡变化差异及其机制研究. 北京: 中国科学院大学博士学位论文.

Aaltonen A, Elomaa E, Tuominen A, et al. 1993. Measurement of precipitation//Sevruk B, Lapin M. Proceedings of the Symposium on Precipitationand Evaporation. Bratislava, Slovakia: Slovak Hydrometeorlogical Institute and Swiss Federal Institute of Technology.

Alpert P. 1986. Mesoscale indexing of the distribution of orographic precipitation over high mountains. Journal of Climate and Applied Meteorology, 25(4): 532-545.

Andreas E L. 2002. Parameterizing Scalar Transfer over Snow and Ice: A Review. Journal of Hydrometeorology, 3(4): 417-432.

Arendt A, Bliss A, Bolch T, et al. 2015. Randolph Glacier Inventory- A Dataset of Global Glacier Outlines: Version 5. 0. Global Land Ice Measurements from Space, Boulder Colorado, USA.

Arnold J G, Srinivasan R, Muttiah R S. 1998. Large area hydrologic modeling and assessment part I-model development. Journal of the American Water Resources Association, 34(1): 73-89.

Ashby S F, Falgout R D. 1996. A parallel multigrid preconditioned conjugate gradient algorithm for groundwater flow simulations. Nuclear Science and Engineering, 124(1): 145-159.

Bai Z, Yu X. 1985. Energy Exchange and its Influence Factors on Mountain Glaciers in West China. Annals of Glaciology, 6: 154-157.

Balk B, Elder K. 2000. Combining binary decision tree and geostatistical methods to estimate snow distribution in a mountain watershed. Water Resources Research, 36(1): 13-26.

Barnett T P, Adam J C, Lettenmaier D P. 2005. Potential impacts of a warming climate on water availability in snow-dominated regions. Nature, 438(7066): 303-309.

Barry R G. 2008. Mountain Weather and Climate. Cambridge: Cambridge University Press.

Bavay M, Grünewald T, Lehning M. 2013. Response of snow cover and runoff to climate change in high Alpine catchments of Eastern Switzerland. Advances in Water Resources, 55: 4-16.

Bayard D, Stähli M, Parriaux A, et al. 2005. The influence of seasonally frozen soil on the snowmelt runoff at two Alpine sites in southern Switzerland. Journal of Hydrology, 309(1-4): 66-84.

Berghuijs W R, Woods R A, Hrachowitz M. 2014. A precipitation shift from snow towards rain leads to a decrease in streamflow. Nature Climate Change, 4(7): 583-586.

Bergström S. 1992. The HBV Model-its structure and applications. SMHI Reports Hydrology-Sveden.

Beven K J, Kirkby M J. 1979. A physically based, variable contributing area model of basin hydrology. Hydrological Sciences Bulletin, 24(1): 43-69.

Birsan M V, Molnar P, Burlando P, et al. 2005. Streamflow trends in Switzerland. Journal of Hydrology, 314(14): 312-329.

Brent R P. 1973. Some efficient algorithms for solving systems of nonlinear equations. SIAM Journal on Numerical Analysis, 10(2): 327-344.

Brock B W, Willis I C, Sharp M J. 2000. Measurement and parameterization of albedo variations at Haut glacier d'Arolla,Switzerland. Journal of Glaciology, 109(461): 675-688.

Brown R D, Robinson D A. 2011. Northern Hemisphere spring snow cover variability and change over 1922-2010 including an assessment of uncertainty. The Cryosphere, 5(1): 219-229.

Browning K A. 1986. Conceptual Models of Precipitation Systems. Weather and Forecasting, 114(1359): 23-41.

Bulygina O N, Razuvaev V N, Korshunova N N. 2009. Changes in snow cover over Northern Eurasia in the last few decades. Environmental Research Letters, 4(4): 045026.

Carruthers D J, Choularton T W. 1983. A model of the seeder-feeder mechanism of orographic rain including stratification and wind-drift effects. Quarterly Journal of the Royal Meteorological Society, 109(461): 575-588.

Che T, Li X, Jin R, et al. 2008. Snow depth derived from passive microwave remote-sensing data in China. Annals of Glaciology, 49(1): 145-154.

Chen R S, Lu S, Kang E, et al. 2006. Estimating daily global radiation using two types of revised models in China. Energy Conversion and Management, 47(7-8): 865-878.

Chen R S, Lu S, Kang E, et al. 2007. A distributed water-heat coupled model for mountainous watershed of an inland river basin of Northwest China (I) model structure and equations. Environmental Geology, 53(6): 1299-1309.

Chen R S, Liu J, Song Y. 2014a. Precipitation type estimation and validation in China. Journal of Mountain Science, 11(4): 917-925.

Chen R S, Song Y X, Kang E S, et al. 2014b. A Cryosphere-Hydrology Observation System in a Small Alpine Watershed in the Qilian Mountains of China and Its Meteorological Gradient. Arctic, Antarctic, and Alpine Research, 46(2): 505-523.

Chen R S, Liu J, Kang E, et al. 2015. Precipitation measurement intercomparison in the Qilian Mountains, north-eastern Tibetan Plateau. The Cryosphere, 9(5): 1995-2008.

Chen R S, Han C, Liu J, et al. 2018. Maximum precipitation altitude on the northern flank of the Qilian Mountains, northwest China. Hydrolog Research. doi: 10.2166/nh.2018.121.

Cheng G, Wu T. 2007. Responses of permafrost to climate change and their environmental significance, Qinghai-Tibet Plateau. Journal of Geophysical Research, 112(F2): 93-104.

Cheng G, Jin H. 2012. Permafrost and groundwater on the Qinghai-Tibet Plateau and in northeast China. Hydrogeology Journal, 21(1): 5-23.

Clark I D, Lauriol B, Harwood L, et al. 2001. Groundwater contributions to discharge in a permafrost setting, Big Fish River, NWT, Canada. Arctic Antarctic and Alpine Research, 33(1): 62-69.

Connon R F, Quinton W L, Craig J R, et al. 2014. Changing hydrologic connectivity due to permafrost thaw in the lower Liard River valley, NWT, Canada. Hydrological Processes, 28(14): 4163-4178.

Ding Y, Liu S, Li J, et al. 2006. The retreat of glaciers in response to recent climate warming in western China. Annals of Glaciology, 43(1): 97-105.

Erk F. 1887. Die vertikale Verteilung und die Maimalzone des Neiderschlags am nordhange der bayrischen Alpien im Zeitraum November 1883 bis November 1885. Met. Zeitschr, 4: 55-69.

Fairfied J, Leymarie P. 1991. Drainage networks from grid digital elevation models. Water Resources Research, 27(5): 709-717.

Feng M, Zhang S, Gao X. 2010. Glacier Runoff Models Sharing Service and Online Simulation//International Conference on Advanced Geographic Information Systems. Applications and Services (GEOPROCESSING): 123-126.

Forrer J, Rotach M W. 1997. On the turbulence structure in the stable boundary layer over the Greenland ice sheet. Boundary-Layer Meteorology, 85(1): 111-136.

Gao X, Ye B, Zhang S, et al. 2010. Glacier runoff variation and its influenceon river runoff during 1961-2006 in the Tarim River Basin, China. Science China Earth Sciences, 53(6): 880-891.

Goodison B E, Louie P Y T, Yang D. 1998. WMO solid precipitation measurement intercomparison: Final report, Instrum. and Obs. Methods Report 67/Tech. Doc. 872, World Meteorological Organization, Geneva, Switzerland.

Grinsted A. 2013. An estimate of global glacier volume. The Cryosphere, 7(1): 141-151.

Guo D, Wang H. 2016. CMIP5 permafrost degradation projection: A comparison among different regions. Journal of Geophysical Research: Atmospheres, 121(9): 4499-4517.

Guo D, Wang H, Li D. 2012. A projection of permafrost degradation on the Tibetan Plateau during the 21st century. Journal of Geophysical Research: Atmospheres, 117(D5): D05106.

Guo W, Liu S, Xu J, et al. 2015. The second Chinese glacier inventory: Data, methods and results. Journal of Glaciology, 61(226): 357-372.

Han H D, Ding Y J, Liu S Y, et al. 2015. Regimes of runoff components on the debris-covered Koxkar glacier in western China. Journal of Mountain Science, 12(2): 313-329.

Hock R. 2005. Glacier melt: A review on processes and their modelling. Progress in Physical Geography, 29(3): 362-391.

Hock R, Holmgren B. 1996. Some aspects of energy balance and ablation of Storglaciären, northern Sweden. Geografiska Annaler, 78A(2-3): 121-132.

Holtslag A A M, Bruin H A R. 1988. Applied Modeling of the Nighttime Surface Energy Balance over Land. Journal of Applied Meteorology, 27(6): 689-704.

Huang X, Deng J, Wang W, et al. 2017. Impact of climate and elevation on snow cover using integrated remote sensing snow products in Tibetan Plateau. Remote Sensing of Environment, 190: 274-288.

Immerzeel W W, Beek L P H V, Bierkens M F P. 2010. Climate Change Will Affect the Asian Water Towers. Science, 328(5984): 1382-1385.

IPCC. 2013. Climate Change 2013: The Physical Science Basis. Cambridge: Cambridge University Press.

IPCC. 2014. Climate Change 2014: Impacts, Adaptation, and Vulnerability. Cambridge: Cambridge University Press.

Jansson P E, Moon D S. 2001. A coupled model of water, heat and mass transfer using object orientation to improve flexibility and functionality. Environmental Modelling and Software, 16(1): 37-46.

Kalyuzhnyi I L, Lavrov S A. 2012. Basic physical processes and regularities of winter and spring river runoff formation under climate warming conditions. Russian Meteorology and Hydrology, 37(1): 47-56.

Khadka D, Babel M S, Shrestha S, et al. 2014. Climate change impact on glacier and snow melt and runoff in Tamakoshi basin in the Hindu Kush Himalayan (HKH) region. Journal of Hydrology, 511 (4): 49-60.

Kim G, Lee C, Suh K D. 2009. Extended Boussinesq equations for rapidly varying topography. Ocean Engineering, 36(11): 842-851.

Klein G, Vitasse Y, Rixen C, et al. 2016. Shorter snow cover duration since 1970 in the Swiss Alps due to earlier snowmelt more than to later snow onset. Climatic Change, 139(3-4): 637-649.

Kotlyakov V M, Krenke A N. 1982. Investigations of the hydrological conditions of alpine region by glaciological methods. Hydrological aspects of alpine and high-mountain areas. IAHS publish, 27(2): 251-252.

Kou Y, Su Z. 1981. Variation of precipitation with altitude and its impacts on recharge of glaciers in Tuomuer. Chinese Science Bulletin, 26(2): 113-115.

Kuchment L S, Gelfan A N, Demidov V N. 2000. A distributed model of runoff generation in the permafrost regions. Journal of Hydrology, 240(1-2): 1-22.

Li J, Jiang S, Wang B, et al. 2013. Evapotranspiration and Its Energy Exchange in Alpine Meadow Ecosystem on the Qinghai-Tibetan Plateau. Journal of Integrative Agriculture, 12(8): 1396-1401.

Li P. 1999. Variation of snow water resources in northwestern China, 1951-1997. Science in China, Series D: Earth Sciences, 42(1): 72-79.

Li P, Zhang Z, Liu J. 2010. Dominant climate factors influencing the Arctic runoff and association between the Arctic runoff and sea ice. Acta Oceanologica Sinica, 29(5): 10-20.

Liang X, Wood E F, Lettenmaier D P. 1996. Surface soil moisture parameterization of the VIC-2L model: Valuation and modification. Global and Planetary Change, 13(1-4): 195-206.

Liu C, Zhang D, Liu X, et al. 2012. Spatial and temporal change in the potential evapotranspiration sensitivity to meteorological factors in China (1960-2007). Journal of Geographical Sciences, 22(1): 3-14.

Liu S, Zhang Y, Zhang Y, et al. 2009. Estimation of glacier runoff and future trends in the Yangtze River source region, China. Journal of Glaciology, 55(190): 353-362.

Luthcke S B, Zwally H J, Abdalati W, et al. 2006. Recent greenland ice mass loss by drainage system from satellite gravity observations. Science, 314(5803): 1286-1289.

Ma L, Qin D. 2012. Temporal-spatial characteristics of observed key parameters of snow cover in China during 1957-2009. Sciences in Cold and Arid Regions, 4(5): 384-393.

Marty C, Meister R. 2012. Long-term snow and weather observations at Weissfluhjoch andits relation to other high-altitude observatories in the Alps. Theoretical and Applied Climatology, 110(4): 573-583.

Masiokas M H, Villalba R, Luckman B H, et al. 2010. Intra- to Multidecadal Variations of Snowpack and Streamflow Records in the Andes of Chile and Argentina between 30° and 37°S. Journal of Hydrometeorology, 11(3): 822-831.

Nicholls N. 2005. Climate variability, climate change and the Australian snow season. Australian Meteorological Magazine, 54: 177-185.

Niu L, Ye B, Li J, et al. 2011. Effect of permafrost degradation on hydrological processes in typical basins with various permafrost coverage in Western China. Science China Earth Sciences, 54(4): 615-624.

Pomeroy J W, Gray D M, Brown T, et al. 2007. The cold regions hydrological model: A platform for basing process representation and model structure on physical evidence. Hydrological Processes, 21(19): 2650-2667.

Prat O P, Barros A P. 2010. Ground observations to characterize the spatial gradients and vertical structure of orographic precipitation-Experiments in the inner region of the Great Smoky Mountains. Journal of Hydrology, 391(1-2): 141-156.

Putkonen J K. 2004. Continuous Snow and Rain Data at 500 to 4400 m Altitude near Annapurna, Nepal, 1999-2001. Arctic, Antarctic, and Alpine Research, 36(2): 244-248.

Qin J, Ding Y, Yang G. 2013. The hydrological linkage of mountains and plains in the arid region of northwest China. Chinese Science Bulletin, 58(25): 3140-3147.

Quinton W L, Baltzer J L. 2012. The active-layer hydrology of a peat plateau with thawing permafrost (Scotty Creek, Canada). Hydrogeology Journal, 21(1): 201-220.

Refsgaard A, Seth S M, Bathurst J C, et al. 1992. Application of the SHE to catchments in India-Part 1: General Results. Journal of Hydrology, 140: 1-23.

Ren J, Ye B, Ding Y, et al. 2011. Initial estimate of the contribution of cryospheric change in China to sea level rise. Chinese Science Bulletin, 56(16): 1661-1664.

Ren Z, Li M. 2007. Errors and correction of precipitation measurements in China. Advances in Atmospheric Sciences, 24(3): 449-458.

Rennermalm A K, Wood E F, Troy T J. 2010. Observed changes in pan-arctic cold-season minimum monthly river discharge. Climate Dynamics, 35(6): 923-939.

Rigon R, Bertoldi G, Over T M. 2006. GEOtop: A Distributed Hydrological Model with Coupled Water and Energy Budgets. Journal of Hydrometeorology, 7(3): 371-388.

Rogger M., Chirico G B, Hausmann H, et al. 2017. Impact of mountain permafrost on flow path and runoff response in a high alpine catchment. Water Resources Research, 53(2): 1288-1308.

Sebastian V, Garreaud R D, McPhee J. 2010. Climate change impacts on the hydrology of a snowmelt driven basin in semiarid Chile. Climatic Change, 105(3-4): 469-488.

Senay G B, Leake S, Nagler P L, et al. 2011. Estimating basin scale evapotranspiration (ET) by water balance and remote sensing methods. Hydrological Processes, 25(26): 4037-4049.

Sevruk B. 1982. Methods of correction for systematic error in point precipitation measurement for operational use. World Meteorological Organization, Operational Hydrology Report 21, WMO-No. 589.

Sevruk B, Hamon W R. 1984. International comparison of nationalprecipitation gauges with a reference pit gauge, instruments and observing methods Report, No. 17, World Meteorological Organization, Geneva.

Sevruk B, Ondrás M, Chvíla B. 2009. The WMO precipitation measurement intercomparisons. Atmospheric Research, 92(3): 376-380.

Shangguan D, Liu S, Ding Y, et al. 2009. Glacier changes during the last forty years in the Tarim Interior River basin, northwest China. Progress in Natural Science, 19(6): 727-732.

Shangguan D, Liu S, Ding Y, et al. 2016. Characterizing the May 2015 Karayaylak Glacier surge in the eastern Pamir Plateau using remote sensing. Journal of Glaciology, 62(235): 944-953.

Shrestha M, Wang L, Koike T, et al. 2012. Modeling the Spatial Distribution of Snow Cover in the Dudhkoshi Region of the Nepal Himalayas. Journal of Hydrometeorology, 13(1): 204-222.

Singh P, Bengtsson L. 2005. Impact of warmer climate on melt and evaporation for the rainfed, snowfed and glacierfed basins in the Himalayan region. Journal of Hydrology, 300(1-4): 140-154.

Sorg A, Bolch T, Stoffel M, et al. 2012. Climate change impacts on glaciers and runoff in Tien Shan (Central Asia). Nature Climate Change, 2(10): 725-731.

Stewart I T. 2009. Changes in snowpack and snowmelt runoff for key mountain regions. Hydrological Processes, 23 (1): 78-94.

Sturman A P. 1987. Thermal influences on airflow in mountainous terrain. Progress in Physical Geography, 11 (2): 183-206.

Su F, Zhang L, Ou T, et al. 2016. Hydrological response to future climate changes for the major upstream river basins in the Tibetan Plateau. Global and Planetary Change, 136: 82-95.

Sugiura K, Yang D, Ohata T. 2003. Systematic error aspects of gauge-measured solid precipitation in the Arctic, Barrow, Alaska. Geophysical Research Letters, 30(4): 1192.

Sun W, Qin X, Ren J, et al. 2012. The Surface Energy Budget in the Accumulation Zone of the Laohugou Glacier No. 12 in the Western Qilian Mountains, China, in Summer 2009. Arctic, Antarctic, and Alpine Research, 44(3): 296-305.

Tedesco M, Monaghan A J. 2009. An updated Antarctic melt record through 2009 and its linkages to high-latitude and tropical climate variability. Geophysical Research Letters, 36(18): 120-131.

Todini E. 1996. The ARNO rainfall-runoff model. Journal of Hydrology, 175(1-4): 339-382.

Walker H J, Hudson P F. 2003. Hydrologic and geomorphic processes in the Colville River delta, Alaska. Geomorphology, 56(3-4): 291-303.

Wang K, Cheng G, Xiao H, et al. 2004. The westerly fluctuation and water vapor transport over the Qilian-Heihe valley. Science in China Series D, 47(S1): 32-38.

Wang J, Li H, Hao X. 2010. Responses of snowmelt runoff to climatic change in an inland river basin, northwestern China, over the past 50 years. Hydrology and Earth System Sciences, 15(10): 1979-1987.

Wang L, Chen R, Song Y, et al. 2017. Precipitation-altitude relationships on different timescales and at different precipitation magnitudes in the Qilian Mountains. Theoretical and Applied Climatology, 12(12): 1-10.

Wang R, Yao Z, Liu Z, et al. 2015. Snow cover variability and snowmelt in a high-altitude ungauged catchment. Hydrological Processes, 29(17): 3665-3676.

Wigmosta M S, Vail L, Lettenmaier D P. 1994. A distributed hydrology-vegetation model for complex terrain. Water Resources Research, 30(6): 1665-1679.

Wu Q, Zhang T. 2008. Recent permafrost warming on the Qinghai-Tibetan Plateau. Journal of Geophysical Research, 113(D13): 3614.

Yang D. 1988. Research on analysis and correction of systematic errors in precipitation measurement in Urumqi River basin. Lanzhou: Tianshan, PhD thesis, Lanzhou Institute of Glaciology and Geocryology, Chinese Academy of Sciences, Lanzhou, China.

Yang D, Shi Y, Kang E, et al. 1991. Results of solid precipitation measurement intercomparison in the Alpine area of Urumqi River basin. Chinese Science Bulletin, 36(13): 1105-1109.

Yang D, Goodison B E, Metcalfe J R, et al. 1995. Accuracy of tretyakov precipitaion gauge result of WMO inter-comparison. Hydrological Processes, 9(8): 877-895.

Yang D, Herath S, Musiake K. 1998. Development of a geomorphology-based hydrological model for large catchments. Annual Journal of Hydraulic Engineering, 42: 169-174.

Yang D, Goodison B E, Metcalfe J R, et al. 1999. Quantification of precipitation measurement discontinuity induced by wind shields on national gauges. Water Resources Research, 35(2): 491-508.

Yang K, Koike T, Fujii H, et al. 2002. Improvement of surface flux parametrizations with a turbulence-related length. Quarterly Journal of the Royal Meteorological Society, 128(584): 2073-2087.

Ye B, Yang D, Ding Y, et al. 2004. A bias-corrected precipitation climatology for China. Journal of Hydrometeorology, 5(6): 1147-1160.

Ye B, Yang D, Jiao K, et al. 2005. The Urumqi River source Glacier No. 1, Tianshan, China: Changes over the past 45 years. Geophysical Research Letters, 32(21): L21504.

Ye B, Yang D, Zhang Z, et al. 2009. Variation of hydrological regime with permafrost coverage over Lena Basin in Siberia. Journal of Geophysical Research, 114(D7): D07102.

Yang Y, Chen R, Song Y, et al. 2017. Comparison of Precipitation and Evapotranspiration of five different land cover types in the high mountainous region. Sciences in Cold and Arid Regions, 9(6): 534-542.

Zhang S, Ye B, Liu S, et al. 2012a. A modified monthly degree-day model for evaluating glacier runoff changes in China. Part I: model development. Hydrological Processes, 26(11): 1686-1696.

Zhang S, Gao X, Zhang X, et al. 2012b. Projection of glacier runoff in Yarkant River basin and Beida River basin, Western China. Hydrological Processes, 26(18): 2773-2781.

Zhang S, Gao X, Zhang X. 2015. Glacial runoff likely reached peak in the mountainous areas of the Shiyang River Basin, China. Journal of Mountain Science, 12(2): 382-395.

Zhang Y, Ohata T, Yang D, et al. 2004. Bias correction of daily precipitation measurements for Mongolia. Hydrological Processes, 18(16): 2991-3005.

Zhao L, Yin L, Xiao H, et al. 2011. Isotopic evidence for the moisture origin and composition of surface runoff in the headwaters of the Heihe River basin. Chinese Science Bulletin, 56(4-5): 406-415.

Zhao Q, Zhang S, Ding Y J, et al. 2015. Modeling Hydrologic Response to Climate Change and Shrinking Glaciers in the Highly Glacierized Kunma Like River Catchment, Central Tian Shan. Journal of Hydrometeorology, 16(6): 2383-2402.

Zhao T, Chen L, Ma Z. 2014. Simulation of historical and projected climate change in arid and semiarid areas by CMIP5 models. Chinese Science Bulletin, 59(4): 412-429.